高职高专机电类专业系列教材

单片机应用技术项目式教程

主　编　孙旭日　倪志莲
副主编　彭雪峰
参　编　张　敏　周桔蓉

机械工业出版社

本书分为理论基础篇和实践提高篇。理论基础篇包含 8 个项目，通过流水灯、秒表、密码锁、音乐播放器、双机通信系统、数字电压表、低频信号发生器、数字温度计的设计与制作，介绍了单片机最小系统、内部资源及外部扩展等核心知识点。实践提高篇包含 4 个项目，分别是测温与报警系统的设计、智能电风扇的设计、万年历的设计和病房呼叫系统的设计。

本书可作为高职高专院校自动化类、电子信息类、通信类专业教材，还可作为单片机开发工程技术人员的培训教材以及电子设计爱好者的参考用书。

为方便教学，本书配有电子课件、习题解答、模拟试卷等，凡选用本书作为授课教材的学校，均可来电索取。咨询电话：010-88379375。

图书在版编目（CIP）数据

单片机应用技术项目式教程/孙旭日，倪志莲主编 . —北京：机械工业出版社，2020.10（2021.8 重印）
高职高专机电类专业系列教材
ISBN 978-7-111-66614-1

Ⅰ.①单⋯ Ⅱ.①孙⋯ ②倪⋯ Ⅲ.①单片微型计算机-高等职业教育-教材 Ⅳ.①TP368.1

中国版本图书馆 CIP 数据核字（2020）第 181071 号

机械工业出版社（北京市百万庄大街 22 号　邮政编码 100037）
策划编辑：王宗锋　责任编辑：王宗锋　韩　静
责任校对：李　杉　封面设计：鞠　杨
责任印制：单爱军
北京虎彩文化传播有限公司印刷
2021 年 8 月第 1 版第 2 次印刷
184mm×260mm ・ 15 印张 ・ 371 千字
1001—2900 册
标准书号：ISBN 978-7-111-66614-1
定价：45.00 元

电话服务	网络服务
客服电话：010-88361066	机 工 官 网：www.cmpbook.com
010-88379833	机 工 官 博：weibo.com/cmp1952
010-68326294	金 书 网：www.golden-book.com
封底无防伪标均为盗版	机工教育服务网：www.cmpedu.com

前　　言

　　自 20 世纪 70 年代以来，单片机在工业测控、仪器仪表、航天航空、家用电器等领域的应用越来越广泛，功能越来越完善。随着高职高专院校单片机课程教学改革的进行，传统的单片机教学重理论轻实践、教学做分离的模式已不能适应当前高技能人才培养的要求，为了适应教学做一体化课程教学的需要，共享单片机课程改革的丰富成果，特编写本书。

　　本书分为理论基础篇和实践提高篇。理论基础篇包含 8 个项目，每个项目对应一个典型应用产品，包含一个完整的工作任务，将完成这个工作任务所需的理论知识包含在项目中，每个工作任务按设计、制作及调试的工作过程编写，并附有完整的硬件电路图、制作元器件清单、参考程序等，具有可操作性。实践提高篇包含 4 个综合项目，通过测温与报警系统的设计、智能电风扇的设计、万年历的设计和病房呼叫系统的设计，可以提高学生的单片机综合应用能力。

　　本书由孙旭日、倪志莲任主编，彭雪峰任副主编，参加编写的有张敏、周桔蓉。倪志莲编写了项目 1、项目 2 并对理论基础篇进行了统稿；张敏编写了项目 3、项目 4、项目 5；彭雪峰编写了项目 6、项目 7、项目 8 并对 8 个工作任务进行了仿真调试；周桔蓉编写了项目 9，孙旭日编写了项目 10、项目 11、项目 12 并对实践提高篇进行了统稿。

　　由于编者水平有限，书中难免有不妥之处，恳请读者批评指正。

编　者

目 录

前言

绪论 …………………………………………… 1

0.1 单片机概述 ……………………………… 1
    0.1.1 嵌入式系统与单片机 ……………… 1
    0.1.2 单片机的主要产品 ………………… 2
    0.1.3 单片机的应用领域 ………………… 6
0.2 单片机系统设计与制作的工作过程 …… 7
    0.2.1 典型的单片机系统设计与制作工作流程 …………………………… 7
    0.2.2 应用系统硬件的设计方法 ………… 8
    0.2.3 应用系统软件的设计方法 ………… 9
    0.2.4 应用系统的调试方法 ……………… 10

理论基础篇

项目 1 单片机最小系统 …………………… 13
1.1 AT89S51 单片机的结构及工作过程 …… 13
    1.1.1 AT89S51 单片机的封装及引脚 …… 13
    1.1.2 单片机的内部结构及主要功能 …… 15
    1.1.3 单片机的工作过程 ………………… 17
1.2 AT89S51 单片机的存储结构 …………… 18
    1.2.1 程序存储器 ………………………… 18
    1.2.2 数据存储器 ………………………… 19
1.3 单片机最小系统的构成 ………………… 23
    1.3.1 时钟电路 …………………………… 23
    1.3.2 复位电路 …………………………… 24
1.4 单片机的 C 语言——C51 基础 ………… 24
    1.4.1 C51 程序简介 ……………………… 25
    1.4.2 C51 中的基本数据类型 …………… 26
    1.4.3 C51 的变量定义 …………………… 28
1.5 单片机 I/O 口的输出驱动控制 ………… 30
1.6 流水灯的设计与制作 …………………… 31
    1.6.1 工作任务 …………………………… 31
    1.6.2 流水灯硬件制作 …………………… 32
    1.6.3 流水灯的软件设计 ………………… 34
    1.6.4 流水灯的系统调试 ………………… 36
    1.6.5 改进与提高 ………………………… 46
习题 …………………………………………… 46

项目 2 数码管显示电路及应用 …………… 48
2.1 LED 数码管简介 ………………………… 48
    2.1.1 LED 数码管的类型 ………………… 48
    2.1.2 LED 数码管的字形码 ……………… 49
2.2 LED 数码管的显示方式 ………………… 49
    2.2.1 静态显示 …………………………… 50
    2.2.2 动态显示 …………………………… 50
2.3 C51 的运算符、表达式及常用语句 …… 51
    2.3.1 C51 的运算符和表达式 …………… 51
    2.3.2 C51 的常用控制语句——选择语句和循环语句 ………………… 53
2.4 LED 数码管显示程序设计 ……………… 58
2.5 点阵与液晶显示器 ……………………… 60
    2.5.1 8×8 点阵显示器 …………………… 60
    2.5.2 LCD1602 液晶显示器 ……………… 63
2.6 秒表的设计与制作 ……………………… 67
    2.6.1 工作任务 …………………………… 67
    2.6.2 秒表硬件电路的设计与制作 ……… 68
    2.6.3 秒表的软件设计 …………………… 69
    2.6.4 秒表的系统调试 …………………… 70
    2.6.5 改进与提高 ………………………… 71
习题 …………………………………………… 71

项目 3 键盘电路及应用 …………………… 72
3.1 键盘及分类 ……………………………… 72
    3.1.1 按键简介 …………………………… 72
    3.1.2 键盘的类型 ………………………… 72
    3.1.3 键盘的消抖 ………………………… 73

3.2 键盘的 C51 程序设计 ……………… 74	5.4.4 双机通信系统调试 ……………… 132
3.2.1 switch/case 语句 ……………… 74	5.4.5 改进与提高 ……………… 134
3.2.2 键盘的 C51 程序设计实例 …… 74	习题 ……………… 134
3.3 密码锁的设计与制作 ……………… 79	
3.3.1 工作任务 ……………… 79	**项目 6　A-D 转换器的应用** ……………… 135
3.3.2 密码锁的硬件制作 ……………… 79	6.1 A-D 转换的基本知识 ……………… 135
3.3.3 密码锁的软件设计 ……………… 81	6.1.1 A-D 转换的过程 ……………… 135
3.3.4 密码锁的系统调试 ……………… 87	6.1.2 A-D 转换器的主要技术指标 …… 136
3.3.5 改进与提高 ……………… 89	6.2 8 位 A-D 转换器 ADC0809 ……… 137
习题 ……………… 89	6.3 单片机与 A-D 转换器接口电路 …… 138
	6.3.1 单片机的总线结构 ……………… 138
项目 4　中断与定时/计数器的应用 …… 91	6.3.2 单片机与 A-D 转换器的接口 …… 140
4.1 AT89S51 单片机的中断系统 ……… 91	6.4 单片机与 A-D 转换器接口程序设计 … 141
4.1.1 中断的基本概念 ……………… 91	6.5 数字电压表的设计与制作 …………… 143
4.1.2 中断源与中断请求标志 ………… 92	6.5.1 工作任务 ……………… 143
4.1.3 中断控制 ……………… 94	6.5.2 数字电压表的硬件制作 ………… 143
4.1.4 中断响应 ……………… 95	6.5.3 数字电压表的软件设计 ………… 145
4.1.5 中断程序设计 ……………… 97	6.5.4 数字电压表的系统调试 ………… 147
4.2 AT89S51 单片机的定时/计数器 …… 99	6.5.5 改进与提高 ……………… 149
4.2.1 定时/计数器的结构 …………… 99	习题 ……………… 149
4.2.2 定时/计数器的控制 …………… 100	
4.2.3 定时/计数器的工作方式 ……… 101	**项目 7　D-A 转换器的应用** ……………… 150
4.2.4 定时/计数器初值的计算 ……… 102	7.1 D-A 转换的基本知识 ……………… 150
4.2.5 定时/计数器的程序设计 ……… 102	7.1.1 D-A 转换的工作原理 …………… 150
4.3 音乐播放器的设计与制作 ………… 107	7.1.2 D-A 转换器的性能指标 ………… 151
4.3.1 工作任务 ……………… 107	7.2 8 位 D-A 转换器 DAC0832 ……… 151
4.3.2 音乐播放器的硬件制作 ………… 107	7.2.1 DAC0832 的内部结构及引脚 … 151
4.3.3 音乐播放器的软件设计 ………… 108	7.2.2 DAC0832 的工作方式 ………… 152
4.3.4 音乐播放器的系统调试 ………… 111	7.2.3 DAC0832 的输出方式 ………… 152
4.3.5 改进与提高 ……………… 112	7.3 单片机与 D-A 转换器接口电路及程序
习题 ……………… 112	设计 ……………… 153
	7.3.1 单缓冲工作方式 ……………… 153
项目 5　串行通信的应用 ……………… 114	7.3.2 双缓冲工作方式 ……………… 154
5.1 串行通信基础 ……………… 114	7.4 低频信号发生器的设计与制作 ……… 155
5.2 AT89S51 单片机的串行口 ………… 116	7.4.1 工作任务 ……………… 155
5.2.1 串行口的结构及相关寄存器 …… 116	7.4.2 低频信号发生器的硬件制作 …… 155
5.2.2 串行口的工作方式 …………… 118	7.4.3 低频信号发生器的软件设计 …… 156
5.3 串行通信的程序设计 ……………… 122	7.4.4 低频信号发生器的系统调试 …… 160
5.3.1 串行口的初始化编程 ………… 122	7.4.5 改进与提高 ……………… 162
5.3.2 发送和接收程序设计 ………… 123	习题 ……………… 162
5.4 双机通信系统的设计与制作 ……… 129	
5.4.1 工作任务 ……………… 129	**项目 8　串行总线扩展技术的应用** ……… 164
5.4.2 双机通信系统硬件制作 ……… 130	8.1 I^2C 总线的应用 ……………… 164
5.4.3 双机通信系统软件设计 ……… 131	8.1.1 I^2C 总线概述 ……………… 164

8.1.2　AT24C××系列存储器的使用 … 165
8.1.3　AT24C××系列存储器的接口
　　　电路与编程 … 168
8.2　SPI 总线的应用 … 171
　8.2.1　SPI 总线概述 … 171
　8.2.2　串行 A-D 转换器 TLC549 … 172
　8.2.3　串行 D-A 转换器 TLC5615 … 177
8.3　单总线的应用 … 179
　8.3.1　单总线简介 … 179
　8.3.2　DS18B20 的引脚及硬件连接 … 180
　8.3.3　DS18B20 的工作原理及使用方法 … 181
8.4　数字温度计的设计与制作 … 186
　8.4.1　工作任务 … 186
　8.4.2　数字温度计的硬件制作 … 186
　8.4.3　数字温度计的软件设计 … 187
　8.4.4　数字温度计的系统调试 … 194
　8.4.5　改进与提高 … 195
习题 … 195

实践提高篇

项目 9　测温与报警系统的设计 … 197
9.1　系统总体设计 … 197
9.2　硬件电路设计 … 197
9.3　系统软件设计 … 199
9.4　系统仿真与调试 … 202
　9.4.1　系统仿真图 … 202
　9.4.2　调试中遇到的问题 … 203

项目 10　智能电风扇的设计 … 204
10.1　系统总体设计 … 204
10.2　硬件电路设计 … 204
　10.2.1　硬件总图 … 204
　10.2.2　热释电红外传感器模块 … 206
　10.2.3　继电器控制电路 … 206
10.3　系统软件设计 … 207
　10.3.1　整体设计思路 … 207
　10.3.2　主要部分流程图 … 207
　10.3.3　参考源程序代码 … 208

项目 11　万年历的设计 … 211
11.1　系统总体设计 … 211
11.2　硬件电路设计 … 211
11.3　系统软件设计 … 215
11.4　系统仿真与调试 … 218
　11.4.1　系统硬件电路图 … 218
　11.4.2　系统 Proteus 仿真原理图 … 218
　11.4.3　系统硬件仿真运行情况 … 218

项目 12　病房呼叫系统的设计 … 222
12.1　系统总体设计 … 222
12.2　硬件电路设计 … 222
12.3　系统软件设计 … 223
12.4　系统仿真与调试 … 226

附录 … 229
　附录 A　ASCII 码表 … 229
　附录 B　C51 关键字 … 230
　附录 C　常用芯片引脚 … 232

参考文献 … 234

绪 论

0.1 单片机概述

0.1.1 嵌入式系统与单片机

自 1946 年计算机诞生以来，它始终是用于实现数值计算的大型设备。直到 20 世纪 70 年代，微处理器的出现才使得计算机技术的发展有了历史性的变化。人们以应用为中心，将微型机嵌入到一个应用对象体系中，以实现应用对象智能化控制的要求。这样的计算机有别于通用的计算机系统，它失去了通用计算机的标准形态和功能。这种以应用为中心，以计算机技术为基础，软硬件可裁剪，针对具体应用系统，对功能、可靠性、成本、体积及功耗都有严格要求的专用计算机系统，被称为嵌入式系统。

由于嵌入式计算机系统要嵌入到应用对象体系中，实现的是应用对象的智能化控制，因此它有着与通用计算机系统完全不同的技术要求与技术发展方向。通用计算机的微处理器迅速从 286、386、486 发展到奔腾系列，操作系统则迅速扩展计算机基于高速海量的数据文件处理能力，使通用计算机系统进入到逐步完善阶段。而嵌入式计算机系统则走上了芯片化道路，它完全按照嵌入式应用要求设计全新的体系结构、微处理器、指令系统、总线方式及管理模式，将计算机做在一个芯片上，这就是嵌入式系统独立发展的单片机时代。随着微电子工艺水平的提高，其后发展的产品——DSP 迅速提升了嵌入式系统的技术水平，使嵌入式系统无处不在。

如今，嵌入式系统几乎用于生活中的所有电器及设备，如掌上 PDA、移动计算设备、电视机顶盒、手机、数字电视、多媒体、汽车、微波炉、数字照相机、家庭自动化系统、电梯、空调、安全系统、自动售货机、蜂窝式电话、工业自动化仪表与医疗仪器等。

简单地说，一个嵌入式系统就是硬件和软件的集合体。硬件包括嵌入式处理器、存储器及外设器件、输入/输出端口及图形控制器等，软件包括操作系统软件和应用程序。

嵌入式系统的核心是嵌入式处理器。嵌入式处理器对实时多任务有很强的支持能力、对存储区有很强的保护功能、具有可扩展的处理器结构及低功耗等特点。据不完全统计，目前全世界嵌入式处理器的品种总量已经超过 1000 种，流行的体系结构有 30 多个系列。其中，8051 系列占多半，生产这种单片机的半导体厂家有 20 多个，共 350 多种衍生产品，仅 Philips 公司就有近 100 种。目前，几乎每个半导体制造商都生产嵌入式处理器。

嵌入式处理器可分成下面几类。

（1）嵌入式微处理器（Embedded Microprocessor Unit，EMPU） 嵌入式微处理器采用增强型通用微处理器，对工作温度、电磁兼容性及可靠性方面的要求较高，在功能方面与标准的微处理器基本上是一样的。嵌入式微处理器组成的系统是将嵌入式微处理器及其存储器、总线、外设等安装在一块电路主板上，具有体积小、重量轻、成本低及可靠性高的优点，但系统的技术保密性较差。目前主要有 Am186/188、386EX、SC-400、Power PC、68000、MIPS 及 ARM 系列等。

(2) 嵌入式微控制器（Micro Controller Unit，MCU） 嵌入式微控制器又称单片机，它是将整个计算机系统集成到一块芯片中。嵌入式微控制器一般以某种微处理器内核为核心，根据某些典型的应用，在芯片内部集成了 ROM/EPROM、RAM、总线、总线逻辑、定时/计数器、看门狗、I/O 口、串行口、脉宽调制输出、A-D 转换器、D-A 转换器、FLASH RAM 及 E^2PROM 等各种必要的功能部件和外设。为适应不同的应用需求，可对功能的设置和外设的配置进行必要的修改和裁减定制。和嵌入式微处理器相比，嵌入式微控制器使应用系统的体积大大减小，功耗和成本大幅下降，可靠性大大提高。这使得嵌入式微控制器成为嵌入式系统应用的主流。目前，MCU 约占嵌入式系统市场份额的 70%，最典型的就是 MCS-51/96 系列产品，Motorola MC68 系列产品和 Microchip 公司的 PIC 系列产品。

(3) 嵌入式 DSP 处理器（Embedded Digital Signal Processor，EDSP） 由于实际应用中对数字信号进行处理的要求，DSP 算法被大量应用于嵌入式系统。DSP 的应用从在通用单片机中以普通指令实现 DSP 功能过渡到采用嵌入式 DSP 处理器。嵌入式 DSP 处理器在系统结构和指令等方面进行了特殊设计，使之更适合用于运算量较大，特别是向量运算、指针线性寻址等较多的场合。嵌入式 DSP 处理器比较有代表性的产品是 TI 公司的 TMS320 系列和 Motorola 公司的 DSP56000 系列。

(4) 嵌入式片上系统（System on Chip，SoC） 随着 EDA 的推广和 VLSI 设计的普及化，以及半导体工艺的迅速发展，用户可以在一块硅片上实现一个复杂的系统，这就产生了 SoC 技术。除了某些无法集成的器件以外，整个嵌入式系统大部分均可集成到一块或几块芯片中，这使得应用系统电路板变得很简单，对于减小整个应用系统体积和功耗及提高可靠性非常有利。嵌入式片上系统可以分为通用和专用两类。通用系列包括 Infineon（Siemens）公司的 TriCore、Motorola 公司的 M-Core 及 Echelon 公司和 Motorola 公司联合研制的 Neuron 芯片等。专用嵌入式片上系统代表性的产品是 Philips 公司的 Smart XA。

0.1.2 单片机的主要产品

随着集成电路的飞速发展，单片机从问世到现在发展迅猛，拥有众多的系列、各种各样的机种。根据控制单元设计方式与所采用技术的不同，可将目前市场上的单片机分为两大类型：复杂指令集（CISC）和精简指令集（RISC）。采用 CISC 结构的单片机数据线和指令线分时复用，指令丰富，功能较强，但取指令和取数据不能同时进行，速度受限，且价格高。采用 RISC 结构的单片机数据线和指令线分离，即所谓的哈佛结构，这使得取指令和取数据可同时进行，执行效率更高，速度更快。

采用 CISC 结构的单片机有 Intel 公司的 MCS-51/96 系列、Motorola 公司的 M68HC 系列、Atmel 公司的 AT89 系列、Winbond（华邦）公司的 W78 系列及 Philips 公司的 PCF80C51 系列等；属于 RISC 结构的有 Microchip 公司的 PIC16C5×/6×/7×/8×系列、Zilog 公司的 Z86 系列及 Atmel 公司的 AT90S 系列等。一般来说，控制关系较简单的小家电，可以采用 RISC 型单片机；控制关系较复杂的场合，如通信产品、工业控制系统，则应采用 CISC 型单片机。

各类单片机的指令系统各不相同，功能也各有所长，其中最具代表性的当属 Intel 公司的 8051 系列单片机。世界上的许多知名厂商都生产与 8051 兼容的芯片，如 Philips、Siemens、Dallas、Atmel 等公司，通常把这些公司生产的与 8051 兼容的单片机芯片统称为 MCS-

51 系列。特别是在近年来，MCS-51 系列又推出了一些新产品，主要是改善单片机的控制功能，如内部集成了高速 I/O 口、ADC、PWM 和 WDT 等，以及低电压、微功耗、电磁兼容、串行扩展总线和控制网络总线性能等。MCS-51 系列单片机应用广泛且功能不断完善，因此成为单片机初学者的首选机型。

现对国际上较大的单片机公司以及产品销量大、发展前景看好的各系列 8 位单片机做如下介绍。

1. MCS-51 系列单片机

MCS-51 系列单片机的型号及性能指标见表 0-1。

表 0-1　MCS-51 系列单片机的型号及性能指标

公司	型号	片内存储器 ROM、EPROM 或 FLASH	片内存储器 RAM/B	I/O 口线	串行口	中断源	定时器	看门狗	工作频率/MHz	A-D 通道/位数	引脚
Intel	80（C）31	—	128	32	UART	5	2	N	24	—	40
	80（C）51	4KB ROM	128	32	UART	5	2	N	24	—	40
	87（C）51	4KB EPROM	128	32	UART	5	2	N	24	—	40
	80（C）32	—	256	32	UART	6	3	Y	24	—	40
	80（C）52	8KB ROM	256	32	UART	6	3	Y	24	—	40
	87（C）52	8KB EPROM	256	32	UART	6	3	Y	24	—	40
Atmel	AT89C51	4KB FLASH	128	32	UART	5	2	N	24	—	40
	AT89C52	8KB FLASH	256	32	UART	6	3	N	24	—	40
	AT89C1051	1KB FLASH	64	15	—	2	1	N	24	—	20
	AT89C2051	2KB FLASH	128	15	UART	5	2	N	25	—	20
	AT89C4051	4KB FLASH	128	15	UART	5	2	N	26	—	20
	AT89S51	4KB FLASH	128	32	UART	5	2	Y	33	—	40
	AT89S52	8KB FLASH	256	32	UART	6	3	Y	33	—	40
	AT89S53	12KB FLASH	256	32	UART	6	3	Y	24	—	40
	AT89LV51	4KB FLASH	128	32	UART	6	2	N	16	—	40
	AT89LV52	8KB FLASH	256	32	UART	8	3	N	16	—	40
Philips	P87LPC762	2KB EPROM	128	18	I^2C,UART	12	2	Y	20	—	20
	P87LPC764	4KB EPROM	128	18	I^2C,UART	12	2	Y	20	—	20
	P87LPC768	4KB EPROM	128	18	I^2C,UART	12	2	Y	20	4/8	20
	P8XC591	16KB ROM/EPROM	512	32	I^2C,UART	15	3	Y	12	6/10	44
	P89C51RX2	16～64KB FLASH	1024	32	UART	7	4	Y	33	—	44
	P89C66X	16～64KB FLASH	2048	32	I^2C,UART	8	4	Y	33	—	44
	P8XC554	16KB ROM/EPROM	512	48	I^2C,UART	15	3	Y	16	8/10	64

注：带有"C"字的型号为 CHMOS 工艺的低功耗芯片，否则为 HMOS 工艺芯片；MCS-51 系列单片机大多采用 DIP、PLCC 封装形式。

89 系列单片机与 Intel 公司的 8051 系列单片机完全兼容，已成为使用者的首选主流机型，其特征为片内 FLASH 是一种高速 E^2PROM，可在内部存放程序，能方便地实现单片系统、扩展系统和多机系统。这里以 Atmel 公司的 AT89 系列单片机为例进行介绍。

美国 Atmel 公司推出的 AT89 系列单片机是一种 8 位 FLASH 单片机，采用 8031 CPU 的内核设计，产品性能指标见表 0-1，其型号含义如图 0-1 所示。

Atmel 单片机型号由前缀、型号和后缀 3 个部分组成。例如，在"AT89C××××-××××"中，"AT"是前缀，"89C××××"是型号，型号之后的"××××"是后缀。

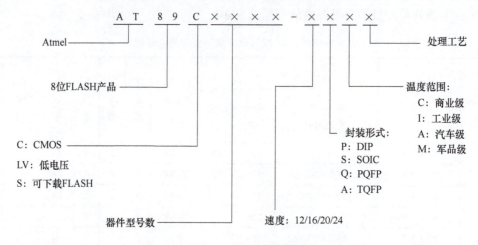

图 0-1　AT89 系列单片机的型号含义

图 0-1 中，"AT"表示公司代码，"C"为 CMOS 工艺产品，"LV"表示低电压，"S"表示该器件含"在系统可编程（ISP）"功能。芯片采用 DIP、SOIC 及 TQFP 等封装形式。

AT89 系列单片机还有 AT89C1051、AT89C2051 和 AT89C4051 等产品，这些芯片是在 AT89C51 的基础上将一些功能精简后形成的精简版，它们兼容 8051 系列单片机的指令系统，但只有 20 个引脚。例如，AT89C4051 去掉了 P0 口和 P2 口，内部的 FLASH 存储器为 4KB，封装形式也由 40 个引脚改为 20 个引脚的 DIP 或 SOIC 封装。这几种产品还在芯片内集成了一个精密比较器，为测量模拟信号提供了极大的方便，在外加几个电阻和电容的情况下，就可以测量电压、温度等常见的模拟量信号，特别适合在一些智能玩具、手持仪器及家用电器等程序量不大的环境下使用。

目前，市场占有率最高的 Atmel 公司已经宣布停产 AT89C51/52 等 C 系列产品，全面生产 AT89S51/52 等 S 系列产品。S 系列产品的最大特点就是具有"在系统可编程"功能。用户只需要连接好下载电路，就可以在不拔下 51 芯片的情况下直接对芯片进行编程操作。这一系列产品还具有工作频率更高、电源范围更宽、编程次数更多及加密功能更强等优点，而且自带了看门狗电路。

2. Microchip（微芯）公司的 PIC 系列单片机

PIC 系列单片机是由美国 Microchip（微芯）公司推出的 8 位高性能单片机，该系列单片机是首先采用 RISC 结构的单片机系列。PIC 的指令集只有 35 条指令，4 种寻址方式，同时指令集中的指令多为单字节指令。指令总线和数据总线分离，允许指令总线宽于数据总线，即指令线为 14 位，数据线为 8 位。某些型号的 PIC 单片机只有 8 个引脚，为世界上最小的单片机。PIC 系列单片机的主要特点是：精简了指令集，使得指令少、执行速度快；同时，功耗低、驱动能力强，有的型号还具有 I^2C 和 SPI 串行口总线端口，有利于单片机串行总线扩充外围器件。常用的 PIC 系列单片机的特性见表 0-2。

表 0-2 常用 PIC 系列单片机的特性

型号	ROM/B	RAM/B	I/O 口	定时器	看门狗	工作频率/MHz	引脚	封装
PIC12C508A	512	25	6	1	Y	4	8	PDIP SOIC
PIC12C509A	1024	41	6	1	Y	4	8	PDIP SOIC
PIC12C671	1024	128	6	1	Y	10	8	PDIP SOIC
PIC12C672	2048	128	6	1	Y	10	8	PDIP SOIC
PIC16C55	512	24	20	1	Y	20	28	PDIP SOIC
PIC16C56	1024	25	12	1	Y	20	18	PDIP SOIC
PIC16C57	2048	72	20	1	Y	20	28	PDIP SOIC

3. Atmel 公司的 AVR 系列单片机

AVR 系列单片机是 1997 年由 Atmel 公司的工程师研发的 RISC 高速 8 位单片机。该系列单片机采用 RISC 结构，运行效率高，同时钟频率的 AVR 系列单片机比 51 系列单片机能处理更多的任务。相对看来，AVR 系列单片机也比 51 系列单片机更加节省功耗。目前，AVR 系列单片机被广泛用于工业控制、小家电控制及医疗设备等应用领域。

Atmel 公司的 ATmega 系列 AVR 单片机的型号含义如图 0-2 所示，其主要产品特性见表 0-3。

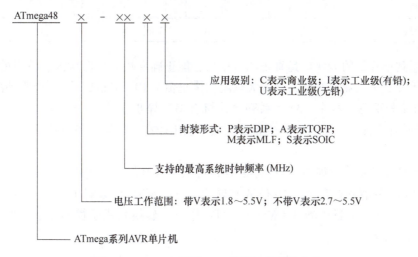

图 0-2 ATmega 系列 AVR 单片机的型号含义

例如，ATmega48-20AU：不带 V 表示工作电压为 2.7～5.5V；20 表示可支持最高为 20MHz 的系统时钟；A 表示封装形式为 TQFP；U 表示无铅工业级。

AVR 系列单片机是一种高速嵌入式单片机，具有预取指令功能，即在执行一条指令时，预先把下一条指令取进来，使得指令可以在一个时钟周期内执行。该系列单片机具有 32 个通用工作寄存器，内部有多个累加器，数据处理速度快；有多个固定中断向量入口地址，可快速响应中断。AVR系列单片机耗能低,看门狗关闭时为100nA,更适用于电池供电的应用设备,有的器件最低1.8V即可工作。AVR系列单片机的保密性能好,具有不可破解的位加密锁Lock Bit技术,保密位单元深藏于芯片内部。

表0-3 AVR系列单片机的主要产品特性

Devices	FLASH/KB	E²PROM/KB	SRAM/B	I/O口	最大频率/MHz	16位定时器	8位定时器	PWM	UART	看门狗	外部中断
ATmega48	4	0.25	512	23	20	1	2	6	1	Y	26
ATmega88	8	0.5	1024	23	20	1	2	6	1	Y	26
ATmega168	16	0.5	1024	23	20	1	2	6	1	Y	26
ATmega8	8	0.5	1024	23	16	1	2	3	1	Y	2
ATmega16	16	0.5	1024	32	16	1	2	4	1	Y	3
ATmega32	32	1	2048	32	16	1	2	4	1	Y	3
ATmega64	64	2	4096	53	16	2	2	8	2	Y	8
ATmega128	128	4	4096	53	16	2	2	8	2	Y	8
ATmega1280	128	4	8192	86	16	4	2	16	4	Y	32
ATmega162	16	0.5	1024	35	16	2	2	6	2	Y	3
ATmega169	16	0.5	1024	53	16	1	2	4	1	Y	17
ATmega8515	8	0.5	512	35	16	1	1	3	1	Y	3
ATmega8535	8	0.5	512	32	16	1	2	4	1	Y	3

AVR系列单片机的I/O口是真正的I/O口,能正确反映I/O口输入、输出的真实情况。AVR系列单片机为工业级产品,具有大电流(灌电流)10~40mA,可直接驱动晶闸管或继电器,节省了外围驱动器件。AVR系列单片机有串行异步通信UART接口,不占用定时器和SPI同步传输功能,因而具有高速特性,故可以工作在一般标准整数频率下,而波特率可达576kbit/s。

AVR系列单片机内置模拟比较器,I/O口可用作A-D转换,可组成廉价的A-D转换器。ATmega48/8/16等器件具有8路10位A-D转换。它的定时/计数器T/C有8位和16位,可用作比较器。计数器外部中断和PWM(也可用作D-A转换)用于控制输出,是用于电动机无级调速的理想器件。

0.1.3 单片机的应用领域

由于单片机的种种优点和特性,其应用领域无所不至,无论是工业部门、民用部门和家用等领域,处处可以见到它的身影。它主要应用于以下几个方面。

(1)在智能仪表中的应用 这是单片机应用最多、最活跃的领域之一。在各类仪器仪表中引入单片机,可使仪器仪表智能化,提高测试的自动化水平和精度,还可简化仪器仪表的硬件结构,提高性价比。

（2）在工业领域的应用　单片机广泛用于工业生产过程的自动控制、物理量的自动检测与处理、工业机器人、智能传感器、电动机控制及数据传输等领域中。

（3）在电信领域的应用　单片机在程控交换机、手机、电话机、智能调制解调器及智能线路运行控制等方面的应用也很广泛。

（4）军用导航领域的应用　单片机可应用在航空航天导航系统、电子干扰系统、宇宙飞船、尖端武器、导弹控制、智能武器装置及鱼雷制导控制等方面。

（5）日常生活中的应用　目前国内外各种家用电器已普遍采用单片机代替传统的控制电路。例如，单片机广泛用于洗衣机、电冰箱、空调机、微波炉和电饭煲等家用电器以及电子玩具、电子字典和数码相机等产品中，从而提高了自动化水平，同时还增加了功能。当前家电领域的主要发展趋势是模糊控制，现已出现了众多的模糊控制家电产品，而单片机正是这些产品的最佳选择。

（6）其他领域的应用　单片机除了以上各方面的应用之外，还广泛应用于办公自动化领域，商业营销领域，汽车的点火控制、变速控制、防滑制动、排气控制、节能控制、冷气控制、汽车报警和测试设备等，以及计算机内部设备等各领域中。

0.2　单片机系统设计与制作的工作过程

0.2.1　典型的单片机系统设计与制作工作流程

单片机系统的应用范围很广，应用领域不同，其要求也各不相同，因而构成的方案千差万别，没有完全固定的方法可循，但处理问题的基本方法却大体相似。进行应用系统设计通常要经历以下几个步骤。

1. 确定指标

首先要进行系统的需求分析，以确定系统要实现的功能。在对系统的工作过程进行深入分析之后，把系统最终要达到的性能指标明确下来。

2. 可行性研究

可行性研究的目的是分析完成这个项目的可能性。根据可行性研究的结论来决定系统的开发研制工作是否值得进行下去。在完成这项工作时，应查阅国内外的相关资料，看是否有人成功地做过类似的系统。如果有，则可以借鉴他们的经验，若有可能，还应对其不足之处进行改进。若查不到成功的实例，则应做进一步的研究，此时的重点要放在能否实现这个环节上。经理论分析和实际调研后，若可行，就制订出开发计划，同时进入总体方案设计阶段；若不可行，则应放弃或改用其他的控制系统。

3. 系统总体方案设计

在明确了任务、确立了指标并进行了可行性研究后，下一步工作就是系统总体方案的设计。在对应用系统进行总体方案设计时，应根据应用系统要完成的各项功能，把工作重点放在技术难点上。此时，可参考国内外类似系统的技术资料，取长补短以减少重复性劳动，提出合理可行的技术指标。最后拟定出性能价格比最高的一套方案。

4. 软硬件设计

在总体方案确定以后，就可以进行硬件选型及软硬件设计了。软硬件的设计要明确分工，原则上要尽可能发挥单片机以软件代替硬件的长处，能够由软件来完成的任务，就尽可能用软件来实现，以便简化电路结构、降低成本、提高系统工作的可靠性。但也应考虑到以软件代替硬件功能是以降低系统的实时性为代价的。因此，软、硬件任务的划分要根据系统的要求及实际情况做合理安排，并进行全盘考虑。

0.2.2 应用系统硬件的设计方法

硬件设计是指应用系统的电路设计。这部分设计可分为两大部分内容：一是数字电路设计；二是模拟电路设计。数字电路设计即单片机系统的扩展，它包括与单片机直接接口的数字电路，如存储器和接口的扩展。存储器的扩展是指 EPROM、E^2PROM 和 RAM 的扩展。接口的扩展是指串、并行接口（如 8255、8155、8279 及 7219 等）及其他功能器件的扩展。模拟电路设计包括信号放大、整形、变换、隔离、驱动和传感器的选择。这部分电路的设计相对较难把握，一旦设计有误，对整个系统的性能将产生严重影响。

硬件设计的主要步骤包括以下几点：

1）确定硬件电路的整体方案，进行硬件电路的框图设计及详细的技术分析。

2）绘制电路原理图。对不确定的电路部分，应通过做实验来确定这部分电路的正确性。

3）制作印制电路板。要充分考虑元器件位置及布线的合理性，以提高整个系统的抗干扰能力。

4）进行硬件调试。

在硬件电路设计过程中应注意以下几点：

1）在硬件电路成本允许的范围内，尽可能选择最新的、集成度高及功能强大的芯片。

2）对于需要大批量生产的系统产品，在选择元器件时首先要做好市场调查，要选取通用性强、货源充足的产品。

3）设计一个较复杂的系统时，尽量把硬件系统设计成模块化结构，即对 CPU 单元、I/O 接口单元及人机接口等进行分块设计，然后把各模块连接起来构成一个完整的系统。必要时可购买成熟产品，这样可以大大缩短应用系统的研制周期，提高系统运行的可靠性。在系统连接之前，应把各模块分别调试好，然后再连接到一起进行统调。

4）在进行 I/O 口扩展时，应留出一定的余量，以便处理开发过程中忽视的一些问题（这些问题通常不能靠软件来解决）。

5）在硬件设计中能用软件实现的工作就不用硬件，这样不但能减少硬件成本，还能提高系统可靠性，但也应充分考虑实时性的要求。

6）在设计硬件电路时，要充分考虑各部分电路的驱动能力。在实际应用时，I/O 口的负载不应超过总负载能力的 70%，以确保留有一定的余量，尽可能选择功耗小的电路。

7）在设计硬件电路时，要考虑系统各部分之间的时序及电平匹配。时序匹配包括读/写速度的匹配和逻辑关系的匹配。在不影响系统技术性能的前提下，CPU 的时钟频率应尽可能选低一些，否则就要考虑系统中所用元器件的速度匹配及电磁干扰问题。在 CMOS 电路和 TTL 电路混用的系统中，要特别注意电平匹配。当 TTL 电路的输出接 CMOS 电路的输入时，两者之间必须加 10kΩ 的上拉电阻，CMOS 电路不使用的输入端应接正电源或接地，尽量不要悬空。

8）设计硬件电路时，要注重抗干扰设计。

9）硬件电路的工艺设计包括机箱、面板、配线及接插件等。机箱设计要充分考虑使用的环境，要求拆装方便，可选用金属壳或非金属壳，在允许的范围内尽可能做大一些。如果系统中有发热的功率器件，还要考虑机箱的散热问题。面板设计要考虑布局，要做到美观大方。配线要合理、简洁。接插件一定要选高质量的产品，以防长时间使用后接触不良，在特殊场合要使用镀金接插件。

0.2.3　应用系统软件的设计方法

设计完硬件系统后，下一步工作就是对应用系统进行软件编程。对于软件编程人员来讲，在进行软件设计之前要和硬件设计人员充分沟通，软件设计要结合硬件进行，其任务是应用系统研制过程中最艰巨的，难度也比较大。

1. 编程语言的选择

编制软件采用什么语言，要视具体情况而定。汇编语言是最贴近机器码的一种语言。用汇编语言编制的应用系统软件能充分发挥系统的功能与效率，可获得最简练的目标程序，因此它具有占用空间最小、实时性强等特点。不足之处是汇编语言不是一种结构化的程序设计语言，编制起来较难，程序本身的编写效率也较低，可读性差，会给程序修改带来很大不便。为此，对于实时性要求不高而运算又很复杂的系统软件，一般都采用高级语言编程，也可采用汇编、高级语言混合编程。混合编程既能完成复杂的运算，又能解决局部实时性问题。目前最为流行的单片机高级语言是 C51。用 C 语言编程来解决单片机系统的软件编程要比采用汇编语言编程容易得多，效率也高很多，能使开发周期大大缩短，编出的软件可读性大大增强，便于扩充和修改。

2. 软件设计

在软件设计时应考虑以下几个方面：

1）根据应用系统的功能要求，采用自上向下逐层分解的方式，把复杂的系统进行合理地分解。将软件划分为若干个相对独立的部分，再根据各部分的关系设计出软件的整体框架，画出软件需求的框图。要求软件结构清晰、简洁，流程合理。

2）尽可能采用结构化模块设计，根据软件任务导出软件模块，得到软件模块的结构及各模块之间的接口定义。要求各模块功能单一，尽可能把各模块之间的联系降低到最低限度。这样既便于软件的调试和连接，又便于移植和修改。

3）在对各功能模块编制前，要仔细分析模块所要完成的功能，建立正确的数学模型，绘制出详细的程序流程图。

4）设计软件时要充分考虑应用系统的硬件环境，合理地分配系统资源，包括片内/片外程序存储器、数据存储器、定时/计数器及中断源等。对各功能模块和子程序的出入口条件、RAM 的分配情况要列出一张分配表，以便编程时查询。

5）无论用汇编语言还是用高级语言编程，为了增加程序的可读性，也为修改程序方便，在程序的相关位置必须加上功能注释。

6）注重软件的抗干扰设计。虽然在硬件设计中采取了硬件抗干扰措施，但由于单片机测控系统往往都运行在环境恶劣、干扰严重的场合，因此完全依靠硬件来解决抗干扰问题往往达不到预期的效果，还需要有软件抗干扰措施相配合。

0.2.4　应用系统的调试方法

单片机应用系统的调试是系统开发的重要环节。当系统的软硬件设计完成之后，首先要进行硬件的组装工作，然后便可进入单片机应用系统的调试阶段。系统调试的任务是要查出硬件设计及软件设计中存在的错误及缺陷，以便修改设计。系统的调试分为硬件调试、软件调试及现场综合调试。根据调试环境的不同，系统的调试又分为模拟调试和现场调试。

1. 硬件调试

硬件调试的任务是排查应用系统的硬件电路故障，包括设计性错误和工艺性故障。

（1）调试工具　硬件调试前要准备的调试工具主要有单片机开发系统、万用表、逻辑笔、函数信号发生器、逻辑分析仪及示波器等。

万用表是硬件电路调试过程中最常用的工具，它主要用于测量通断情况、两点间的电阻值及测试点的电压值等。

逻辑笔是数字电路调试过程中的常用工具，用于观察数字信号的逻辑状态。

函数信号发生器能产生幅度及频率可变的模拟信号和脉冲信号。它可作为模拟电路和数字电路的输入源。

逻辑分析仪可以同时检测多路信号，有灵活多样的触发方式，可以方便地在数据流中选择感兴趣的观测窗口，还可保存显示触发事件前后所获取的信号，供操作者随时观察，并作为软、硬件分析的依据，以便快速地找出软、硬件错误。它主要在硬件的动态调试过程中使用。

示波器是一种综合性的信号特性测试仪及比较仪，它不但能测试信号的幅度，也能测试信号的周期、频率、相位及多个信号的相位差，还能测试调制信号的参数、估计信号的非线性失真等。在应用系统的调试过程中示波器是最重要的工具之一。

（2）调试过程　准备好调试所用的仪器后，即可进入硬件调试过程。硬件调试可按静态调试和动态调试两步进行。

1）静态调试。静态调试是用户系统未通电工作前的硬件检查过程。

① 目测。在应用系统的硬件电路安装完毕后，应对焊接的印制电路板及所有连线进行仔细的检查。检查印制电路板是否有断线及短路的地方，金属化孔是否连通。对印制电路板上焊接的元器件应仔细核对型号，通过目测查出一些明显的安装及连接错误并及时排除。

② 用万用表测试。先用万用表检查目测时怀疑有问题的地方，检查它们的通断状态及电阻值是否与设计相符。再检查各连接线是否有断路及短路现象，尤其要重点检查电源与地之间是否短路。

③ 加电检查。首先把系统的供电电源调整好，把电源正确无误地连接到印制电路板上。开启电源，检查所有 IC 座上电源端的电压值是否正确。然后，在断电状态下将各芯片逐个插入印制电路板上的相应 IC 座上（这一步要特别注意芯片的插接方向）。如未发现异常，即可进入下一步调试。

④ 联机检查。把开发系统与印制电路板用仿真电缆连接起来，检查连接是否畅通、可靠。若检查无误，则静态调试就已完成。

2）动态调试。动态调试即联机仿真调试。它是在应用系统工作的情况下发现和排除应用系统硬件逻辑性错误的一种检查方法。在静态调试中，对应用系统样机的一些明显硬件故障进行了排除，而各部件内部存在的故障和部件之间连接的逻辑错误只有靠动态调试才能发现。首先，把应用系统按逻辑功能分成若干块，保留其中的一块，把与该块无关的器件全部从应用系统中去掉，即进行分块调试。然后，编制相应模块的测试程序，在开发系统上运行测试程序，借助示波器检测被调试模块是否能按预期的工作状态运行，这样就可依次排除各功能模块的故障。当各模块调试无故障后，将各模块逐块加入系统中，再对各模块的功能及各模块间可能存在的相互联系进行调试。

2. 软件调试

软件调试的任务是通过对应用系统软件的汇编、连接及执行来发现程序中存在的语法及逻辑性错误，并加以纠正。软件调试的方法一般是：先分块独立，后组合联机；先单步调试，后连续运行。

1）先分块独立，后组合联机。首先应对各软件模块进行分类，把与硬件无关的程序模块进行独立调试，把与硬件有关的程序模块进行仿真调试。当各程序模块都独立调试完后，就可将应用系统、开发系统与主机连接起来进行系统联调了，以解决在程序模块连接中可能出现的逻辑性错误。

2）先单步调试，后连续运行。在联机调试过程中，准确发现各程序模块及硬件电路错误的最有效办法是采用单步运行方式。单步运行可以了解被调试程序中每条指令的执行情况，通过观察硬件的响应状态，分析指令运行结果的正确性，并进一步确定是硬件电路错误、数据错误还是程序设计错误，从而及时发现并排除软、硬件错误。为了提高调试速度，一般采用全速断点运行方式，将错误定位在一个较小的范围内，然后再对错误的程序段采用单步运行方式来精确定位错误所在位置，这样就可以提高调试的速度和准确性了。单步调试完成后，还要做连续运行调试，以防止某些错误在单步运行时被掩盖。

经过以上调试后，就可把程序写入 EPROM 中，进入现场综合调试了。

3. 现场综合调试

在硬件和软件调试完成后，还要对用户系统进行现场实验运行，以检查软、硬件是否按预期的要求工作，各项技术指标是否达到了设计要求。一般而言，系统经过软、硬件调试之后均可以正常工作。但在某些情况下，由于应用系统运行的环境较为复杂，尤其在干扰较严重的场合下，在系统进入实际运行之前无法预料运行情况，只能通过现场运行来发现问题，以找出相应的解决办法。

理论基础篇

项目 1　单片机最小系统

　　本项目通过设计与制作流水灯的工作任务，详细介绍了 AT89S51 单片机的外部引脚、存储结构、最小系统构成、输出端口控制和延时程序设计等基础知识及制作调试单片机最小系统电路的基本方法。

知识目标	技能目标
1）了解 AT89S51 单片机的结构及引脚功能 2）掌握单片机最小系统的工作原理 3）掌握 C51 的数据类型及程序的基本构成	1）掌握输出端口的控制方法及延时程序的设计 2）能制作单片机最小系统的硬件电路 3）掌握单片机程序编译及调试的方法

1.1　AT89S51 单片机的结构及工作过程

1.1.1　AT89S51 单片机的封装及引脚

　　AT89S51 单片机的封装共分为 DIP、PLCC 及 QFP 共 3 种形式，其引脚如图 1-1 所示。常用的封装方式为 DIP。

　　下面以 DIP 为例介绍 AT89S51 的引脚功能。DIP 的 AT89S51 共有 40 个引脚，大致可分为 4 类。

　　（1）电源引脚

　　1）V_{CC}：电源端，+5V。

　　2）GND：接地端。

　　（2）时钟电路引脚

　　1）XTAL1：片内振荡电路输入端。

　　2）XTAL2：片内振荡电路输出端。

　　（3）I/O 引脚

　　1）P0.0~P0.7（AD0~AD7）：称为 P0 口，是一组 8 位漏极开路型双向 I/O 口，也是地址/数据总线复用口。作为 I/O 口用时，必须外接上拉电阻，它可驱动 8 个 TTL 门电路。当访问片外存储器时，用作地址/数据分时复用口线。在 FLASH 编程时，P0 口接收指令；而在程序校验时，P0 口输出指令（校验时，要求外接上拉电阻）。

　　2）P1.0~P1.7：称为 P1 口，是一组内部带上拉电阻的 8 位准双向 I/O 口，可驱动 4 个 TTL 门电路。FLASH 编程和程序校验期间，P1 口接收低 8 位地址。P1.5~P1.7 用于 ISP 编程控制。

　　3）P2.0~P2.7（A8~A15）：称为 P2 口，是一组内部带上拉电阻的 8 位准双向 I/O 口，可驱动 4 个 TTL 门电路。当访问片外存储器时，用作高 8 位地址总线。在 FLASH 编程和程序校验时，P2 口亦接收高位地址及其他控制信号。

单片机应用技术项目式教程

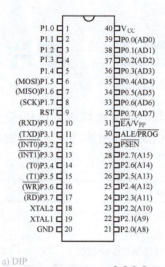

a) DIP

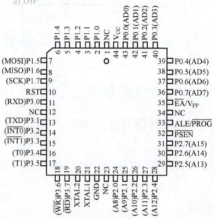

b) PLCC

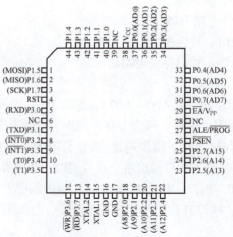

c) QFP

图1-1　AT89S51的封装及引脚

4）P3.0～P3.7：称为 P3 口，是一组内部带上拉电阻的 8 位准双向 I/O 口。出于芯片引脚数的限制，P3 口每个引脚都具有第二功能，见表 1-1。

表 1-1 P3 口第二功能表

引　　脚	第二功能	功　能　说　明
P3.0	RXD	串行口数据接收端
P3.1	TXD	串行口数据发送端
P3.2	$\overline{INT0}$	外部中断输入 0
P3.3	$\overline{INT1}$	外部中断输入 1
P3.4	T0	定时/计数器 0 外部计数输入端
P3.5	T1	定时/计数器 1 外部计数输入端
P3.6	$\overline{WR}$	片外数据存储器写信号
P3.7	$\overline{RD}$	片外数据存储器读信号

(4) 控制线引脚

1）RST：复位端/备用电源输入端。当 RST 端出现持续两个机器周期以上的高电平时，可实现复位操作。

2）$\overline{EA}/V_{PP}$：片外程序存储器选择端/FLASH 存储器编程电源。若要访问片外程序存储器，则 $\overline{EA}$ 端必须保持低电平。V_{PP} 端用于 FLASH 存储器编程时的编程允许电源 +12V 输入。

3）ALE/$\overline{PROG}$：地址锁存允许端/编程脉冲输入端。当访问片外程序存储器或数据存储器时，ALE 输出脉冲用于锁存 P0 口分时送出的低 8 位地址（下降沿有效）。不访问片外存储器时，该端以时钟频率的 1/6 输出固定的正脉冲信号，可用作外部时钟。对内部 FLASH 存储器编程期间，该引脚用于输入编程脉冲。

4）$\overline{PSEN}$：读片外程序存储器选通信号输出端。当 AT89S51 单片机从片外程序存储器取指令时，该引脚有效（上升沿）。每个机器周期内 $\overline{PSEN}$ 均产生两次有效输出信号。

1.1.2　单片机的内部结构及主要功能

AT89S51 单片机的内部结构如图 1-2 所示，其基本组成部分包括：

1）适于控制应用的 8 位 CPU。

2）一个片内振荡器及时钟电路，最高工作频率可达 33MHz。

3）工作电压为 4.0～5.5V。

4）4KB FLASH 程序存储器，支持在系统编程 ISP，可擦写 1000 次以上。

5）128B 数据存储器。

6）可寻址 64KB 片外数据存储器空间及 64KB 程序存储器空间的控制电路。

7）32 根双向可按位寻址的 I/O 口线。

8）一个全双工串行口。

9）两个 16 位定时/计数器。

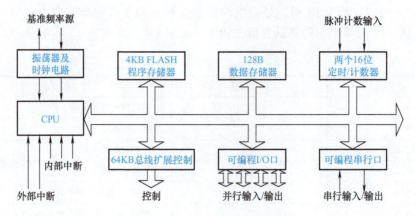

图 1-2　AT89S51 单片机的内部结构

10) 5 个中断源，具有两个优先级。

11) 三级程序加密。

12) 低功耗，支持 Idle（空闲）和 Power-down（掉电）模式，Power-down 模式支持中断唤醒。

13) 看门狗定时器。

14) 双数据指针。

15) 上电复位标志。

若程序存储器带有 4KB FLASH，即为 51 子系列；若 RAM/FLASH 容量为 256B/8KB，则为 52 子系列。

下面分别介绍 AT89S51 单片机内部各部分的主要功能。

(1) 微处理器（CPU）　AT89S51 单片机的微处理器（CPU）与一般的微型计算机类似，也是由运算器和控制器组成。运算器可以对半字节、单字节等数据进行算术运算和逻辑运算，并将结果送至状态寄存器。运算器中还包括一个专门用于位数据操作的布尔处理器。控制器包括程序计数器 PC、指令寄存器、指令译码器、振荡器、时钟电路及控制电路等部件，它可以根据不同指令产生的操作时序控制单片机各部分工作。

(2) 存储器　单片机的存储器分为两种：一种用于存放已编写好的程序及数据表格，称为程序存储器，常用的有 ROM、EPROM 及 E^2PROM 等类型，AT89S51 单片机中采用的是 FLASH E^2PROM，其存储容量为 4KB；另一种用于存放输入、输出数据及中间运算结果，称为数据存储器，常用 RAM 类型，AT89S51 单片机中的数据存储器较小，存储容量仅为 128B。若存储器空间不够用，可以外部扩展。

单片机的存储器采用哈佛结构，它将程序存储器和数据存储器分开编址，各自有自己的寻址方式。

(3) 输入/输出（I/O）口　AT89S51 单片机的 I/O 口包括 4 个 8 位并行口及一个全双工的串行口。4 个并行口既可作为 I/O 口使用，又可作为外部扩展电路时的数据总线、地址总线及控制总线。内部的串行口是一个可编程全双工串行通信接口，具有通用异步接收/发送器（UART）的全部功能，可以同时进行数据的接收和发送，还可以作为一个同步移位寄存器使用。

（4）其他内部资源　AT89S51 单片机的内部还有两个 16 位定时/计数器及中断系统。定时/计数器可以通过对系统时钟计数实现定时，也可用于对外部事件的脉冲进行计数。中断系统可以对 5 个中断源进行中断允许及优先级的控制。5 个中断源中有 2 个为外部中断，由单片机的外围引脚 $\overline{INT0}$、$\overline{INT1}$ 引入；3 个为内部中断，分别由两个定时/计数器及串行口产生。

1.1.3　单片机的工作过程

单片机在工作时，先将程序存放在存储器中，由 CPU 严格地按时序不断地从存储器中取出指令、对指令进行译码和执行指令规定的操作，即按指令的要求发出地址信号和控制信号，将数据或命令通过数据总线在 CPU、存储器及 I/O 口之间进行交流，完成指定的功能。下面以 51 系列单片机执行"3＋2"的操作为例，说明单片机的工作过程。

首先由编程人员写出汇编语言源程序，通过汇编程序将其编译成机器语言程序，其代码如下：

机器码	汇编语言源程序	注释
7403H	MOV　A,#03H	；(A) = 3
2402H	ADD　A,#02H	；(A) = 3＋2
80FEH	SJMP　$	；暂停

将机器语言程序（即机器码）依次存放在存储器中，程序计数器 PC 装入初值 0000H，以便程序从第一条指令处执行，如图 1-3 所示。

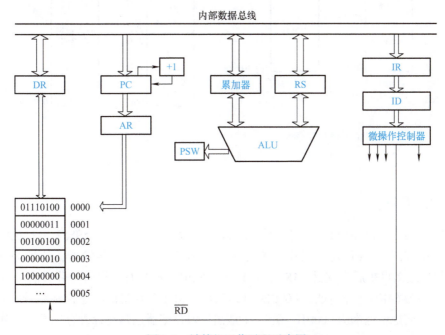

图 1-3　计算机工作过程示意图

DR—数据寄存器　PC—程序计数器　AR—地址寄存器　PSW—程序状态字
ALU—算术逻辑运算单元　RS—工作寄存器　IR—指令寄存器　ID—指令译码器

当单片机开始工作时，微操作控制器将程序计数器 PC 中的初值 0000H 送入地址寄存器 AR 中，发出"读"($\overline{RD}$) 命令，同时使 PC 中的内容自动加 1，为取下一字节数据做好准备。存储器在读命令的控制下，将 0000H 单元的内容"74H"送入数据寄存器 DR 中，由微操作控制器将其经指令寄存器 IR 及指令译码器 ID 翻译后产生新的控制命令，该命令要求将存储器第二个地址单元 0001H 中的数据送入累加器中，同时 PC 又自动加 1。存储器在新的控制命令作用下，将 0001H 中的内容"03H"送入数据寄存器 DR 中，并通过内部数据总线送入累加器。这样，第一条指令就执行完了。

下面两条指令的执行过程与第一条指令类似。

1.2 AT89S51 单片机的存储结构

AT89S51 单片机的存储器配置在物理结构上有 4 个存储空间：片内程序存储器、片外程序存储器、片内数据存储器、片外数据存储器。从用户的使用角度，即逻辑上来看，有 3 个存储器地址空间：片内、外统一编址的程序存储器地址空间、片内数据存储器地址空间和片外数据存储器地址空间。在访问 3 个不同的逻辑空间时，应采用不同形式的指令，以产生不同的内部控制信号，来选择所需的逻辑空间。图 1-4 为 AT89S51 单片机存储器空间的结构。

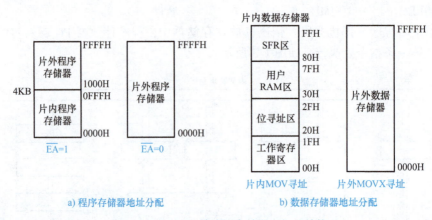

a) 程序存储器地址分配　　　　b) 数据存储器地址分配

图 1-4　AT89S51 单片机存储器空间的结构

1.2.1 程序存储器

单片机的程序存储器一般用于存放编好的程序、表格和常数。AT89S51 单片机的程序存储器地址分配如图 1-4a 所示。其中，单片机内部有 4KB 的程序存储器，地址为 0000H ~ 0FFFH。片外最多可扩展空间达 64KB，地址为 0000H ~ FFFFH，片内与片外程序存储器的最大寻址范围为 64KB（即地址为 0000H ~ FFFFH）。由于单片机的程序存储器采用片内、外统一编址，因而地址范围为 0000H ~ 0FFFH 是在片内存储器还是在片外存储器，取决于单片机外围引脚 $\overline{EA}$ 的状态。如果 $\overline{EA}$ 接高电平（即 $\overline{EA}$ =1），表示 0000H ~ 0FFFH 在片内程序存储器中；如果 $\overline{EA}$ 接低电平（即 $\overline{EA}$ =0），则表示 0000H ~ 0FFFH 在片外程序存储器中。

一般来说，对于有片内程序存储器的单片机，应将引脚 $\overline{EA}$ 端接高电平，使程序从片内程序存储器开始执行。当程序超出片内程序存储器的容量时，自动转向片外程序存储器 1000H～FFFFH 地址范围执行。

单片机中的程序计数器 PC 是一个 16 位的专用寄存器，用来存放即将执行的下一条指令所在的地址。它具有自动加 1 的功能。当 CPU 要取指令时，PC 的内容送至地址总线上，CPU 从 PC 所指向的存储器地址中取出指令后，PC 内容自动加 1，指向下一条指令，从而保证了程序按顺序执行。

当单片机接通电源时，PC 会被复位为 0000H，此时，单片机从 0000H 开始将指令依次取出执行。AT89S51 的程序存储器中有如下 5 个特殊地址单元，用于中断程序的入口地址。

1）0003H：外部中断 0 入口地址。
2）000BH：定时/计数器 0 中断入口地址。
3）0013H：外部中断 1 入口地址。
4）001BH：定时/计数器 1 中断入口地址。
5）0023H：串行口中断入口地址。

由于 0000H 单元与这些中断程序入口地址之间的存储空间有限，为了不影响这些中断入口地址的正常使用，常在 0000H 单元及这些中断入口处放置一条绝对无条件跳转指令，使程序跳转到用户指定的主程序和中断服务程序存储空间中执行。

1.2.2 数据存储器

数据存储器（RAM）用于存放运算中间结果、数据暂存和缓冲及待调试的程序。数据存储器在物理上和逻辑上都分为两个地址空间：一个是由 128B 的片内 RAM 和 26 个特殊功能寄存器（SFR）构成的片内数据存储器，另一个是片外最大可扩充 64KB 的数据存储器。AT89S51 单片机的数据存储器地址分配如图 1-4b 所示。

片外数据存储器的使用通常出现在单片机内部 RAM 容量不够的情况下。扩展容量可由用户根据需要确定，最大可扩充 64KB，地址范围为 0000H～FFFFH。**需要注意的是：AT89S51 单片机扩展的 I/O 口与片外数据存储器统一编址。**

使用片内和片外数据存储器时如果使用汇编语言，应采用不同的指令加以区别。在访问片内数据存储器时，可使用 MOV 指令；要访问片外数据存储器，则使用 MOVX 指令。对片外数据存储器只能采用间接寻址方式，可使用 R0、R1 和 DPTR 作为间接寻址寄存器。R0、R1 作为 8 位地址指针，寻址范围为 256B；而 DPTR 是 16 位地址指针，寻址范围可达 64KB。若采用 C51 语言时，需先定义后使用。

AT89S51 单片机的片内数据存储器只有地址范围为 00H～7FH、共 128B 的 RAM 可供用户使用，与片内 RAM 统一编址的 80H～FFH 的地址空间中有 26 个存储空间被特殊功能寄存器（SFR）占用。

1. 片内数据存储区（00H～7FH）

片内数据存储区的地址为 00H～7FH，空间的使用可划分为工作寄存器区、位寻址区及用户 RAM 区 3 部分。

（1）工作寄存器区（00H～1FH）　　工作寄存器区共 32 个存储单元，分为 4 组，每组由 8 个地址单元组成通用寄存器 R0～R7，其地址分配见表 1-2。每组寄存器均可作为 CPU 当前的工作寄存器，当前工作寄存器可通过特殊功能寄存器中的程序状态字 PSW 的 RS1、

RS0 两位进行设置。例如，如果 RS1 RS0 = 01H，则表示选中了第 1 组，地址为 08H ~ 0FH 的存储单元构成当前的工作寄存器 R0 ~ R7。

当 CPU 复位后，自动选中第 0 组工作寄存器。一旦选中了 1 组工作寄存器，其他 3 组的地址空间只能作为数据存储器使用，不能再作为寄存器使用。如果要使用其他 3 组工作寄存器，则必须重新设置 RS1、RS0 的状态。

表1-2 单片机工作寄存器地址表

组 号	RS1 RS0	R0 ~ R7
0	0 0	00H ~ 07H
1	0 1	08H ~ 0FH
2	1 0	10H ~ 17H
3	1 1	18H ~ 1FH

（2）位寻址区（20H ~ 2FH） 位寻址区共 16 个字节（即 16B），每个字节 8bit，共 128bit，这 128bit 用位地址编号，范围为 00H ~ 7FH。这些位地址单元构成了布尔处理器的存储空间，其地址分布见表1-3。位寻址区既可以采用位寻址方式访问，也可以采用字节寻址方式访问。

表1-3 位地址分配表

字节地址	位 地 址							
	D7	D6	D5	D4	D3	D2	D1	D0
2FH	7FH	7EH	7DH	7CH	7BH	7AH	79H	78H
2EH	77H	76H	75H	74H	73H	72H	71H	70H
2DH	6FH	6EH	6DH	6CH	6BH	6AH	69H	68H
2CH	67H	66H	65H	64H	63H	62H	61H	60H
2BH	5FH	5EH	5DH	5CH	5BH	5AH	59H	58H
2AH	57H	56H	55H	54H	53H	52H	51H	50H
29H	4FH	4EH	4DH	4CH	4BH	4AH	49H	48H
28H	47H	46H	45H	44H	43H	42H	41H	40H
27H	3FH	3EH	3DH	3CH	3BH	3AH	39H	38H
26H	37H	36H	35H	34H	33H	32H	31H	30H
25H	2FH	2EH	2DH	2CH	2BH	2AH	29H	28H
24H	27H	26H	25H	24H	23H	22H	21H	20H
23H	1FH	1EH	1DH	1CH	1BH	1AH	19H	18H
22H	17H	16H	15H	14H	13H	12H	11H	10H
21H	0FH	0EH	0DH	0CH	0BH	0AH	09H	08H
20H	07H	06H	05H	04H	03H	02H	01H	00H

（3）用户 RAM 区（30H～7FH） 用户 RAM 区共 80 个单元，可作为堆栈或数据缓冲器使用。

2. 特殊功能寄存器（SFR）区（80H～FFH）

AT89S51 单片机中共有 26 个特殊功能寄存器（SFR），这些寄存器分布在片内数据存储器的 80H～FFH 这 128B 的地址空间中。

对这些特殊功能寄存器只能采用直接寻址及位寻址，其中，字节地址为 X0H 和 X8H 的各寄存器可以位寻址，见表 1-4。

表 1-4 特殊功能寄存器（SFR）地址分配表

名称	符号	D7			位地址				D0	字节地址
寄存器 B	B*	F7	F6	F5	F4	F3	F2	F1	F0	F0H
累加器 A	ACC*	E7	E6	E5	E4	E3	E2	E1	E0	E0H
程序状态字	PSW*	D7	D6	D5	D4	D3	D2	D1	D0	D0H
		CY	AC	F0	RS1	RS0	OV	—	P	
中断优先级寄存器	IP*	BF	BE	BD	BC	BB	BA	B9	B8	B8H
		—	—	—	PS	PT1	PX1	PT0	PX0	
P3 口	P3*	B7	B6	B5	B4	B3	B2	B1	B0	B0H
		P3.7	P3.6	P3.5	P3.4	P3.3	P3.2	P3.1	P3.0	
中断允许寄存器	IE*	AF	AE	AD	AC	AB	AA	A9	A8	A8H
		EA	—	—	ES	ET1	EX1	ET0	EX0	
看门狗寄存器	WDTRST									A6H
双时钟指针寄存器	AUXR1	—	—	—	—	—	—	—	DPS	A2H
P2 口	P2*	A7	A6	A5	A4	A3	A2	A1	A0	A0H
		P2.7	P2.6	P2.5	P2.4	P2.3	P2.2	P2.1	P2.0	
串行口数据缓冲器	SBUF									99H
串行口控制寄存器	SCON*	9F	9E	9D	9C	9B	9A	99	98	98H
		SM0	SM1	SM2	REN	TB8	RB8	TI	RI	
P1 口	P1*	97	96	95	94	93	92	91	90	90H
		P1.7	P1.6	P1.5	P1.4	P1.3	P1.2	P1.1	P1.0	
辅助寄存器	AUXR	—	—	—	WDIDLE	DISRTO	—	—	DISALE	8EH
定时/计数器 1 高 8 位	TH1									8DH
定时/计数器 0 高 8 位	TH0									8CH
定时/计数器 1 低 8 位	TL1									8BH
定时/计数器 0 低 8 位	TL0									8AH
定时/计数器方式选择	TMOD	GATE	C/T̄	M1	M0	GATE	C/T̄	M1	M0	89H

(续)

名　称	符　号	D7			位地址				D0	字节地址
定时/计数器控制	TCON*	8F	8E	8D	8C	8B	8A	89	88	88H
		TF1	TR1	TF0	TR0	IE1	IT1	IE0	IT0	
电源控制	PCON	SMOD	—	—	—	GF1	GF0	PD	IDL	87H
数据指针1高8位	DP1H									85H
数据指针1低8位	DP1L									84H
数据指针0高8位	DP0H									83H
数据指针0低8位	DP0L									82H
堆栈指针	SP									81H
P0口	P0*	87	86	85	84	83	82	81	80	80H
		P0.7	P0.6	P0.5	P0.4	P0.3	P0.2	P0.1	P0.0	

注：1. 带"*"的SFR表示可位寻址。
2. "—"表示保留位。

这些特殊功能寄存器都和单片机的相关部件有关，如ACC、B及PSW与CPU有关，SP、DPTR（DPL、DPH）与存储器有关，P0～P3与I/O口有关，IP、IE与中断系统有关，TCON、TMOD、TH0、TL0、TH1及TL1与定时/计数器有关，SCON、SBUF与串行口有关，PCON与电源有关。这些SFR专门用来设置单片机内部的各种资源，记录电路的运行状态，参与各种运算及I/O操作，如设置中断和定时器的工作方式、进行并行及串行I/O操作等。

下面简述几个常用特殊功能寄存器的功能。

（1）累加器ACC　ACC是一个具有特殊用途的8位寄存器，主要用于存放操作数或运算结果。AT89S51指令系统中大多数指令的执行都要通过累加器ACC进行。因此，在CPU中，累加器的使用频率是很高的。当采用寄存器寻址时，可用A表示累加器。

（2）程序状态字PSW　PSW是一个可编程的8位寄存器，用来存放与当前指令执行结果相关的状态。AT89S51单片机某些指令的执行会自动影响PSW相关位的状态，在编程时要加以注意。同时，PSW中某些位的状态也可通过指令设置。PSW各位的定义见表1-5。

表1-5　PSW各位的定义

D7	D6	D5	D4	D3	D2	D1	D0
CY	AC	F0	RS1	RS0	OV	—	P

1）CY：进位标志位。当累加器A的最高位有进位（加法）或借位（减法）时，CY=1；否则CY=0。在布尔操作时，它是各种位操作的"累加器"。CY在指令中常简记为C。

2）AC：辅助进位标志位。当累加器A的D3位向D4位进位或借位时，AC=1；否则为0。有时AC也被称为半进位标志。

3）F0：用户标志位。可以根据需要用程序将其置位或清零，以控制程序的转向。

4）RS1、RS0：工作寄存器区选择位。RS1、RS0可由指令置位或清零，用来选择单片机的工作寄存器区。其选择方法见表1-2。

5) OV：溢出标志位。当有符号数采用补码运算，并且其结果超出范围（-127～+128）时，OV=1；否则 OV=0。

6) —：保留位。

7) P：奇偶校验位。指示累加器 A 中操作结果中"1"的个数的奇偶性。凡是改变累加器 A 中内容的指令均影响 P 标志位。当 A 中有奇数个"1"时，P=1；否则 P=0。此标志位对串行通信中的数据传输有重要的意义。在串行通信中，常采用奇偶校验的方法来校验数据传输的可靠性。

(3) 堆栈指针 SP 堆栈是存储区中一个存放数据地址的特殊区域，主要是用来暂存数据和地址，操作时按先进后出的原则存放数据，其生成方向由低地址到高地址。

堆栈指针 SP 是一个 8 位特殊功能寄存器，指示堆栈的底部在片内 RAM 中的位置。系统复位后，SP 的初始值为 07H。由于 08H～1FH 单元分属于工作寄存器区 1～3，因此一般将 SP 的初值改变至片内 RAM 的高地址区（30H 以上）。

(4) 端口 P0～P3 P0～P3 分别表示 I/O 口中的 P0～P3 锁存器。在 AT89S51 单片机中可以把 I/O 口当作一般的特殊功能寄存器来使用，不再专设端口操作指令，使用起来较为方便。

1.3 单片机最小系统的构成

在单片机实际应用系统中，由于应用条件及控制要求的不同，其外围电路的组成各不相同。单片机的最小系统就是指在尽可能少的外部电路条件下，能使单片机独立工作的系统。

由于 AT89S51 单片机内部已经有 4KB 的 FLASH E^{2}PROM 及 128B 的 RAM，因此只需要接上时钟电路和复位电路就可以构成单片机的最小系统，如图 1-5 所示。

1.3.1 时钟电路

时钟电路对单片机系统而言是必需的。由于单片机内部由各种各样的数字逻辑器件

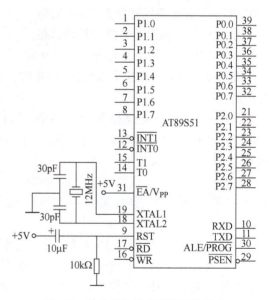

图 1-5 单片机的最小系统硬件构成

（如触发器、寄存器及存储器等）构成，这些数字逻辑器件的工作必须按时间顺序完成，这种时间顺序就称为时序。时钟电路就是提供单片机内部各种操作时间基准的电路，没有时钟电路，单片机就无法工作。

根据 AT89S51 单片机产生时钟方式的不同，可将时钟电路分为内部时钟方式及外部时钟方式两种形式。

如果在 XTAL1 和 XTAL2 引脚之间外接石英晶体振荡器及两个谐振电容，就可以构成内部时钟电路，如图 1-5 所示。内部时钟电路的石英晶体振荡器频率一般选择 4～12MHz，谐振电容采用 10～30pF 的瓷片电容。关于外部时钟电路，可查阅相关资料。

1.3.2 复位电路

单片机的复位就是对单片机进行初始化操作，使单片机内部各寄存器处于一个确定的初始状态，以便进行下一步操作。

要实现复位操作，只需在 AT89S51 单片机的 RST 引脚上施加 5ms 的高电平信号就可以了。单片机的复位电路有两种形式：上电复位和按钮复位。图 1-6a 为上电复位，图 1-6b 为按钮复位。

上电复位是利用电容充电来实现的，即上电瞬间 RST 端的电位与 V_{CC} 端电位相同，随着电容上储能的增加，电容电压也增大，充电电流减小，RST 端的电位逐渐下降。这样，在 RST 端就会建立一个脉冲电压，通过调节电容与电阻的大小，就可对脉冲持续的时间进行调节。通常晶体振荡器振荡频率为 6MHz 时，复位电路元件应为 22μF 的电解电容和 1kΩ 的电阻；若晶体振荡器振荡频率为 12MHz，则复位电路元件应为 10μF 的电解电容和 10kΩ 的电阻。

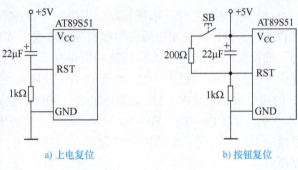

图 1-6 复位电路

按钮复位电路是在按下复位按钮 SB 时，电源对 RST 端维持两个机器周期的高电平实现复位的。

当单片机进行复位操作后，各寄存器的内容被初始化。程序计数器 PC 复位为 0000H，使单片机从程序存储器的第一个存储单元开始工作。所有的端口引脚被置为高电平"1"。

1.4 单片机的 C 语言——C51 基础

C 语言是一种编译型程序设计语言，它兼顾了多种高级语言的特点，并具备汇编语言的功能。C 语言有功能丰富的库函数、运算速度快、编译效率高、有良好的可移植性，而且可以直接实现对系统硬件的控制。C 语言是一种结构化的程序设计语言，它支持当前程序设计中广泛采用的由顶向下的结构化程序设计技术。此外，C 语言程序具有完善的模块程序结构，从而为软件开发中采用模块化程序设计的方法提供了有力的保障。因此，使用 C 语言进行程序设计已成为软件开发的一个主流。用 C 语言来编写目标系统软件，会大大缩短开发周期，且明显增加软件的可读性，便于对软件进行改进和扩充，从而研制出规模更大、性能更完备的系统。

C51 语言是针对 MCS-51 系列及其扩展系列单片机的语言，支持符合 ANSI 标准的 C 语言程序设计，同时针对单片机的一些特点进行了扩展。使用 C51 语言开发单片机不用人工分配单片机资源，也不需要了解硬件结构，还可以使用复杂的数据类型进行数据处理，因此用单片机 C 语言进行程序设计是单片机开发与应用的必然趋势。

1.4.1 C51 程序简介

C51 程序采用函数结构,每个 C51 程序由一个或多个函数组成。在这些函数中至少应包含一个主函数 main( ),还应包含若干个其他的功能函数,用于被主函数 main( ) 或其他功能函数调用。C51 程序运行时必须从 main( ) 函数开始执行。在 main( ) 函数中可以调用其他函数,其他函数也可以相互调用,但 main( ) 函数只能调用其他的功能函数,而不能被其他的函数调用。功能函数可以是 C51 编译器提供的标准库函数,也可以是由用户定义的自定义函数。

1. C51 程序结构

在编制 C51 程序时,程序的开始部分一般是预处理命令、函数说明和变量定义等,然后是主函数 main( ) 及各功能函数。其程序结构一般如下:

```
预处理命令    include < >
函数说明      long   fun1( );
              float  fun2( );
变量定义      int    x, y;
              float  z;
功能函数1 fun1( )
{
    函数体…
}
主函数 main( )
{
    主函数体…
}
功能函数2 fun2( )
{
    函数体…
}
```

2. C51 的函数定义

C51 函数由"函数定义"和"函数体"两个部分组成。

函数定义部分包括函数类型、函数名及形式参数说明等,其格式如下:

```
类型  函数名(数据类型 形式参数1,数据类型 形式参数2,…)
{
    声明语句;
    执行语句;
}
```

例如:int max (int a, int b)

类型指定了该函数返回值的数据类型,如果没有返回值可用 void 作为类型标识符。函数名后面必须跟一个（），形式参数在（）内定义。若无形式参数，则（）内可不写，这种函数称为无参函数，例如"void display（）"。函数体即为一对{}包含的部分，在{}里的内容就是函数体。如果一个函数内有多个{}，则最外层的一对{}内为函数体的内容。函数体内包含若干语句，一般由两部分组成：声明语句和执行语句。声明语句用于对函数中用到的变量进行定义，也可能是对函数体中调用的函数进行声明。执行语句由若干语句组成，用来完成一定功能。当然也有的函数体仅有一对{}，其内部既没有声明语句，也没有执行语句，这种函数称为空函数。

3. C51 程序的书写方法

C51 程序在书写时格式十分自由，一条语句可以写成一行，也可以写成几行，还可以一行内写多条语句，但每条语句后面必须以";"作为结束符。

C51 程序对大小写字母比较敏感，在程序中，对于同一个字母的大小写，系统做不同的处理。

在程序中可以用"/*……*/"或"//"对 C51 程序中的任何部分做注释，以增加程序的可读性。

C51 语言本身没有输入、输出语句，输入和输出是通过标准库函数中的输入、输出函数 scanf（）和 printf（）来实现的。

1.4.2 C51 中的基本数据类型

C51 的数据类型分为基本数据类型和复杂数据类型。基本数据类型有字符型、整型、长整型、浮点型和指针型，还包括专门用于 MCS-51 系列单片机的位类型（bit）、特殊功能寄存器类型（sfr、sfr16）、可寻址位类型（sbit）。复杂数据类型可以由基本数据类型构造而成。

1. 字符型 char

字符型变量分为有符号型和无符号型两种。有符号型用 char（或 signed char）表示，无符号型用 unsigned char 表示。它们的长度为 8 位，占用一个字节。MCS-51 系列单片机是 8 位机，所以字符型变量非常适合于此类单片机使用。

对于 signed char 类型，它用于定义有符号的单字节数据，其字节的最高位为符号位，"0"表示正数，"1"表示负数，使用二进制补码表示数值，所能表示的数值范围是 –128 ~ +127。

对于 unsigned char 类型，它可用于定义无符号单字节数据，其取值范围为 0 ~ 255；也可以存放西文字符，一个西文字符占一个字节，在单片机内部用 ASCII 码存放。

2. 整型 int

整型变量也分为有符号型和无符号型两种，有符号整型用 signed int 表示，无符号整型用 unsigned int 表示。它们的长度为 16 位，占用两个字节。

对于 signed int 类型，用于存放两字节的有符号数，使用二进制补码表示数值，数值范围是 –32768 ~ +32767。

对于 unsigned int 类型，用于存放两字节的无符号数，数值范围是 0 ~ 65535。

3. 长整型 long

长整型变量也分为有符号型和无符号型两种，有符号长整型用 signed long 表示，无符号长整型用 unsigned long 表示。它们的长度均为 32 位，占用 4 个字节。

对于 signed long 类型，用于存放 4 个字节（字节可用 B 表示，后同）的有符号数，使用二进制补码表示数值，数值范围为 −2147483648 ~ +2147483647。

对于 unsigned long 类型，用于存放 4 个字节的无符号数，数值范围为 0 ~ 4294967295。

4. 浮点型 float

float 型数据变量为 32 位，占 4 个字节。格式符合 IEEE—754 标准的单精度浮点型数据，精度为 24 位，尾数的高位始终为"1"，因而不保存。最高位为符号位，"1"表示负数，"0"表示正数，其次的 8 位为阶码，最后的 23 位为尾数。

5. 指针型 *

指针型 * 本身就是一个变量，在这个变量中存放着指向另一个数据的地址。这个指针变量要占用一定的内存单元，对于不同的处理器，其长度不一样，在 C51 中它的长度一般为 1~3 个字节。

6. 特殊功能寄存器类型 sfr

AT89S51 系列单片机的内部定义了 26 个特殊功能寄存器，它们不连续地分布在片内 RAM 的高 128 字节中，地址为 80H ~ FFH。

sfr 是 C51 扩展的一种数据类型，与标准的 C 语言不兼容，只适用于对 51 单片机进行编程。sfr 类型的数据占用一个字节，值域为 0 ~ 255。利用它可以访问单片机内部的所有 8 位特殊功能寄存器。

对 sfr 操作，只能用直接寻址方式。用 sfr 定义特殊功能寄存器地址的格式为

sfr 特殊功能寄存器名 = 特殊功能寄存器地址；

例如：

```
sfr  P0 = 0x80           //定义 P0 口地址为 0x80
sfr  P1 = 0x90;          //定义 P1 口地址为 0x90
```

在关键字 sfr 后面必须跟一个标识符作为寄存器名，名字可任意选取。等号后面是寄存器的地址，必须为 80H ~ FFH 之间的常数，不允许为带运算符的表达式。

7. 16 位特殊功能寄存器类型 sfr16

在新一代的 51 系列单片机中，特殊功能寄存器经常组合成 16 位来使用，因此常采用 sfr16 来定义这种 16 位的特殊功能寄存器。sfr16 也是 C51 扩展的数据类型，占用两个字节，值域为 0 ~ 65535。

sfr16 和 sfr 一样用于定义特殊功能寄存器，所不同的是它用于定义占两个字节的寄存器。例如，AT89S51 单片机的数据指针 DPTR，使用地址 0x82 和 0x83 作为低 8 位和高 8 位，可以用如下方式定义：

```
sfr16 DPTR = 0x82;       //定义 DPTR，低 8 位地址为 0x82，高 8 位地址为 0x83
```

8. 位类型 bit

位类型 bit 是 C51 编译器的一种扩展数据类型，利用它可以定义一个位类型的变量，但不能定义位指针，也不能定义位数组。它的值是一个二进制位，只有 0 或 1，与某些高级语言的布尔型数据 True 和 False 类似。

9. 可寻址位类型 sbit

sbit 也是 C51 的一种扩展数据类型，利用它可以访问芯片内部 RAM 中的可寻址位或特

殊功能寄存器中的可寻址位。例如：

```
sbit    P1_1 = P1^1;      //定义 P1_1 为 P1 中的 P1.1 引脚
sbit    P1_1 = 0x91;      //定义 P1_1 为 P1.1 的位地址 0x91
```

通常，在 C51 编译器提供的预处理文件中已定义好特殊功能寄存器的名字（通常与在汇编语言中使用的名字相同）。在 C51 程序设计中，程序员可以把"reg52.h"头文件包含在自己的程序中，直接使用已定义好的寄存器名称和位名称；也可以在自己的程序中利用关键字 sfr 和 sbit 来自行定义这些特殊功能寄存器和可寻址位名称。

为了书写方便，经常使用简化的缩写形式来定义变量的数据类型，其方法是在源程序的开头使用#define 语句。例如：

```
#define    uchar    unsigned char
#define    uint     unsigned int
```

这样，在以后的编程中就可以用 uchar 代替 unsigned char，用 uint 代替 unsigned int 来定义变量了。

1.4.3 C51 的变量定义

1. 变量定义的格式

C51 程序中定义变量的一般格式为

[存储类型]   类型说明符   [存储器类型]   变量名   //方括号内为可选项

其中，类型说明符用于在定义变量时指明变量的数据类型，可以是基本数据类型说明符，也可以是组合数据类型说明符。

变量名是 C51 用于区分不同变量，为不同变量取的名称。在 C51 中，规定变量名可以由字母、数字和下划线 3 种字符组成，且第一个字符必须为字母或下划线。变量名有两种：普通变量名和指针变量名。它们的区别是指针变量名前面要带"*"。

变量的存储类型用于指定变量在程序执行过程中的有效作用范围。

变量的存储器类型用于定义 C51 程序中数据存储的位置。C51 编译器是面向 51 系列单片机及其硬件控制系统的开发工具，它定义的数据类型必须以一定的存储类型定位在 51 系列单片机的某一存储区中。C51 编译器可完全访问 51 系列单片机的所有存储单元，因此编译器通过将变量定义成不同的存储器类型，使它们定位在不同的存储区中。

2. 存储类型

C51 变量的存储类型有 4 种，分别是 auto、extern、static 和 register。

（1）auto　　使用 auto 定义的变量称为自动变量，其作用范围在定义它的函数体或复合语句内部，当定义它的函数体或复合语句执行时，C51 才为该变量分配内存空间，结束时占用的内存空间被释放。自动变量一般分配在内存的堆栈空间中。定义变量时，如果省略存储类型，则该变量被默认为自动变量。

（2）extern　　使用 extern 定义的变量称为外部变量。在一个函数体内，要使用一个已在该函数体外或别的程序中定义过的外部变量时，该变量在该函数体内要用 extern 说明。外部变量被定义后，C51 为其分配固定的内存空间，在程序的整个执行时间内都有效，直到程序结束空间才被释放。

（3）static　使用 static 定义的变量称为静态变量。它分为内部静态变量和外部静态变量。在函数体内部定义的静态变量为内部静态变量，它在对应的函数体内有效，一直存在，但在函数体外不可见，这样不仅使变量在定义它的函数体外被保护，还可以实现当离开函数时其值不被改变。外部静态变量是在函数外部定义的静态变量，它在程序中一直存在，但在定义的范围之外是不可见的。例如，在多文件或多模块处理中，外部静态变量只在文件内部或模块内部有效。

（4）register　使用 register 定义的变量称为寄存器变量。寄存器变量存放在 CPU 内部的寄存器中，其处理速度快，但数目较少。C51 编译器编译时能自动识别程序中使用频率最高的变量，并自动将其作为寄存器变量，用户无须专门声明。

3. 存储器类型

与汇编语言不同，C51 是不直接对存储器进行操作的，C51 的操作对象是常量或变量。通过将变量定义为不同的存储类型、数据类型和存储器类型，C51 编译器可将每一个变量明确定位到不同的存储区域中，并分配相应的存储单元。存储器类型与存储类型完全不同，存储器类型就是为 C51 编译器指明变量定位的存储区域。C51 编译器能识别的存储器类型见表 1-6。

表 1-6　存储器类型

存储器类型	描 述
data	直接寻址的片内 RAM 低 128B，访问速度快
bdata	片内 RAM 的位寻址区（20H～2FH），允许字节和位混合访问
idata	间接寻址访问的片内 RAM，允许访问全部片内 RAM
pdata	用 Ri 间接访问的片外 RAM 的低 256B
xdata	用 DPTR 间接访问的片外 RAM，允许访问全部 64KB 片外 RAM
code	程序存储器 ROM，64KB 空间

例如：

　　char data v1;　//字符型变量 v1 被定义为 data 存储器类型，C51 编译器将该变量定位在片内数据存储器的 00H～07FH

　　bit bdata f1;　//位变量 f1 被定义为 bdata 存储器类型，C51 编译器将该变量定位在片内数据存储器的位寻址区 20H～2FH

　　int xdata x，y，z;　//整型变量 x、y、z 被定义为 xdata 存储器类型，C51 编译器将该变量定位在片外数据存储器的 0000H～0FFFFH

定义变量时也可以省略"存储器类型"，这时 C51 编译器将按存储模式选项自动规定默认的存储器类型。

C51 编译器支持 3 种默认的存储模式：SMALL 模式、COMPACT 模式和 LARGE 模式。不同的存储模式对变量默认的存储器类型不一样。

（1）SMALL 模式　SMALL 模式称为小编译模式，在 SMALL 模式下编译，函数参数和变量被默认在片内 RAM 中，存储器类型为 data。

（2）COMPACT 模式　COMPACT 模式称为紧凑编译模式，在 COMPACT 模式下编译，函数参数和变量被默认在片外 RAM 的低 256B 空间，存储器类型为 pdata。

（3）LARGE 模式　LARGE 模式称为大编译模式，在 LARGE 模式下编译，函数参数和变量被默认在片外 RAM 的 64KB 空间，存储器类型为 xdata。

在程序中，变量存储模式的指定也通过#pragma 预处理命令来实现。函数的存储模式可通过在定义函数时带存储模式说明实现。如果没有指定，则系统都默认为 SMALL 模式。

1.5　单片机 I/O 口的输出驱动控制

AT89S51 单片机的 4 个 I/O 口 P0~P3 在使用时，只需要通过程序使对应的各引脚出现高电平或低电平，进而控制其输出状态。

【例 1-1】　在 AT89S51 的 P1 口接了 8 个发光二极管，这些发光二极管的阴极与 P1 的口线相连，当 P1 的口线上输出低电平时，发光二极管被点亮。试通过编程实现 P1.0 所连接的发光二极管点亮。参考程序如下：

```c
#include <reg52.h>
sbit P1_0 = P1^0;
int main(void)
{
    while(1)
    {
        P1_0 = 0;
    }
    return 0;
}
```

【例 1-2】　与例 1-1 的硬件电路相同，试通过编程实现 P1.0 所连接的发光二极管每隔 1s 点亮一次，每次点亮的持续时间为 0.5s。

为了实现闪烁控制，就是让发光二极管交替亮灭，单片机的指令执行速度为微秒级，根本无法点亮发光二极管，因此必须使用延时程序让发光二极管能持续导通 0.5s，再持续断开 0.5s。参考程序如下：

```c
#include <reg52.h>
sbit P1_0 = P1^0;
/*****************************************************************
//    函数名：delayms
//    功　能：精确延时 1ms
//    参　数：输入延时毫秒数
//    返回值：使用 12MHz 晶体振荡器时，循环次数是 123；使用 11.0592MHz 晶体振荡器时，循环
            次数是 114
*****************************************************************/
```

```c
void delayms (unsigned int i)          //使用12MHz时的延时循环次数
{
    unsigned int j;
    for( ;i!=0;i-- )
    {
        for(j=0; j<123; j++);
    }
}

int main(void)
{
    while(1)
    {
        P1_0 = 0;
        delayms(500);
        P1_0 = 1;
        delayms(500);
    }
    return 0;
}
```

在上面的 C51 程序中，"#include <reg52.h>"是文件包含语句，表示把语句中指定文件的全部内容复制到此处，与当前的源程序文件链接成一个源文件。该语句中指定的文件 reg52.h 是 Keil C51 编译器提供的头文件，保存在文件夹 "keil\c51\inc"下，该文件包含了对 52 系列单片机特殊功能寄存器 SFR 和位名称的定义，也可使用 reg51.h 头文件，该头文件包含了 51 系列单片机特殊功能寄存器 SFR 和位名称的定义。

如果需要使用 reg52.h 文件中没有定义的 SFR 或位名称，可以自行在该文件中添加定义，也可以在源程序中定义。例如，自行定义如下位名称：

```
sbit  P1_0 = P1^0;         //定义位名称P1_0，对应P1口的第0位
```

"void delayms（unsigned int i)"为延时函数的定义，这里的延时函数 delayms 使用了双重循环，外循环的循环次数由形式参数 i 提供，内循环是延时 1ms 的循环次数，使用 12MHz 晶体振荡器时，循环次数是 123；使用 11.0592MHz 晶体振荡器时，循环次数是 114。

"int main（void)"为主函数定义，main 函数是 C51 程序中必不可少的主函数，也是程序开始执行的函数。

1.6 流水灯的设计与制作

1.6.1 工作任务

在城市的大街小巷，随处可以看到各式各样的广告艺术灯箱、霓虹灯和流水灯，它们变

幻着绚烂的色彩和动感的图案。本节的工作任务就是用彩色发光二极管（LED）、单片机、电阻及电容等元器件制作实现多种显示模式的流水灯，其电路实物如图1-7所示。

1.6.2 流水灯硬件制作

1. 硬件电路图

要想使单片机能够点亮外部的发光二极管，必须正确地使用单片机的外围端口。通常，AT89S51 单片机的输出端口中 P0 的驱动能力较强，其他3个端口的驱动能力相对较弱。在使用 P0 口时，如果要接负载，则需要接上拉电阻，通常上拉电阻的阻值选为 10kΩ。

图1-7 流水灯电路实物

流水灯的硬件电路如图1-8所示。该电路采用 P1 口做发光二极管的驱动端口，将负载作为 P1 口的灌电流负载，这样就可以用足够的电流驱动发光二极管。发光二极管具有单向导电性，只需要通过 5mA 左右的电流即可发光，且电流越大，亮度越强，一般将电流控制在 5~20mA。因此需在发光二极管电路中串联一个电阻，用来限制通过发光二极管的电流。当发光二极管发光时，其两端的导通压降约为 1.7V，若发光二极管通过 220Ω 的限流电阻与 +5V 电源相连，则其电流为 (5-1.7)V/(220Ω)=15mA。31 脚 $\overline{EA}/V_{PP}$ 端与 +5V 电源相连，以保证单片机上电复位后从片内程序存储器开始运行程序。

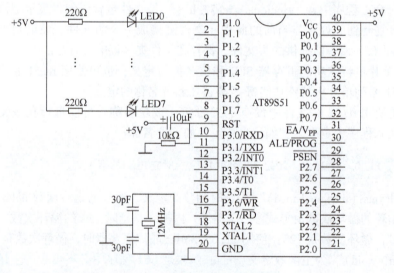

图1-8 流水灯的硬件电路

为了便于 AT89S51 单片机芯片的插拔，AT89S51 的 40 脚双列直插 DIP 插座也可用零插拔力插座代替。为了方便程序的调试，可使用图1-6b 中的按钮复位电路代替图1-8 中的上电复位电路，只需将 10μF 电解电容两端并联一个 200Ω 的电阻与按钮串联的电路即可。

2. 焊接硬件电路

在硬件电路图设计完成后，就可进行 PCB 制板了，由于流水灯模拟电路比较简单，因而可采用万能板制作。应准备的焊接、测试工具有：电烙铁、焊锡丝、松香、吸锡器、斜口钳、镊子及万用表等，如图 1-9 所示。元器件清单见表 1-7。制作流水灯所需的元器件实物如图 1-10 所示。

根据图 1-8 焊接硬件电路，根据图 1-11 连接下载口。将时钟电路尽量靠近单片机插座，同时应注意电解电容的极性及发光二极管的极性。

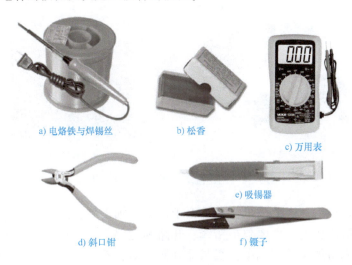

a) 电烙铁与焊锡丝　　　b) 松香　　　c) 万用表

d) 斜口钳　　　e) 吸锡器　　　f) 镊子

图 1-9　焊接、测试工具

表 1-7　流水灯的元器件清单

序号	元器件名称	规格	数量
1	51 单片机	AT89S51	1 个
2	晶体振荡器	12MHz 立式	1 个
3	起振电容	30pF 瓷片电容	2 个
4	复位电容	10μF、16V 电解电容	1 个
5	复位电阻	10kΩ 电阻、200Ω 电阻（可选）	各 1 个
6	限流电阻	220Ω 电阻	8 个
7	发光二极管	红色/绿色 LED	8 个
8	按键（按钮复位时用）	四爪微型轻触开关（可选）	1 个
9	DIP 插座	40 脚集成插座	1 个
10	ISP 下载接口	DC3-10P 牛角座	1 个
11	单片机教学板或万能板	150mm×90mm	1 块

3. 测试硬件电路

在单片机开发过程中，系统的调试通常占总开发时间的 2/3，可见调试的工作量是比较大的。单片机系统的硬件调试和软件调试是不能分开的，许多硬件错误是在软件调试中被发现和纠正的。通常是先排除明显的硬件故障以后，再和软件结合起来调试，从而进一步排除故障。可见硬件的调试是基础，如果硬件调试不通过，软件调试则无从做起。硬件调试一般包含以下几点：

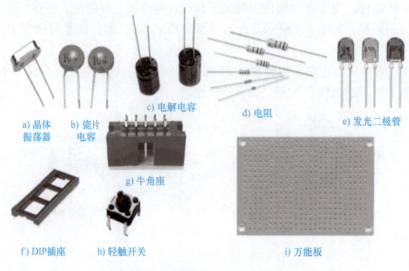

图1-10 制作流水灯所需的元器件实物

(1) 排除逻辑故障 这类故障往往是由于设计和加工制板过程中的工艺性错误所造成的,主要包括错线、开路和短路。排除逻辑故障的方法是首先将加工的印制电路板与原理图对照,看两者是否一致。应特别注意电源系统的检查,以防止电源短路和极性错误,并重点检查系统总线(地址总线、数据总线和控制总线)是否相互之间短路或与其他信号线短路。必要时可利用数字万用表的短路测试功能来检测,这可以缩短排故时间。

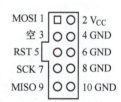

图1-11 下载口接线图

(2) 排除元器件失效故障 造成这类故障的原因有两个:一个是元器件买来时就已经坏了;另一个是安装错误,造成元器件被烧坏。在出现此类故障时,首先应检查元器件与设计所要求的型号、规格和安装方法是否一致;在保证安装无误后,用替换方法(即用新的元器件代替旧元器件)排除故障。

(3) 排除电源故障 在电路通电前,一定要检查电源电压的幅值和极性,否则很容易造成AT89S51单片机及其他集成芯片的损坏。通电后,检查各插件上引脚的电位,一般先检查V_{CC}与GND之间的电压,若为4.8~5V,则为正常。若有高压,在联机仿真器调试时将会损坏仿真器等,有时还会导致应用系统中的集成块发热损坏。

流水灯电路可按以下步骤进行硬件测试:

1) 测量单片机40脚和20脚是否分别正确地与电源和地相连。
2) 测量复位电路和晶体振荡器电路是否工作正常。
3) 测量31脚是否与电源相连。
4) 测量下载口接线是否正确。
5) 测量发光二极管显示电路接线是否正确。

1.6.3 流水灯的软件设计

在编写程序之前,通常要先画出程序流程图。程序流程图的设计就是将算法转化为具体程序的一个准备过程。所谓流程图，就是用箭头线将一些规定的图形符号（如半圆弧形框、矩形框和菱形框等）有机地连接起来的图形。这些半圆弧形框、矩形框和菱形框与文字符号相配合，用来表示实现某一特定功能或求解某一问题的步骤。利用流程图可以将复杂的工作条理化，可以使抽象的思路形象化。图 1-12 所示为流程图中常用的图形符号。对各图形符号的说明如下：

1) 端点框：表示程序的开始或结束。
2) 处理框：表示一段程序的功能或处理过程。
3) 判断框：表示条件判断，以决定程序的流向。
4) 换页符：当流程图在一页画不下需要分页时，使用换页符表示相关流程图之间的连接。
5) 流程线：表示程序执行的流向。

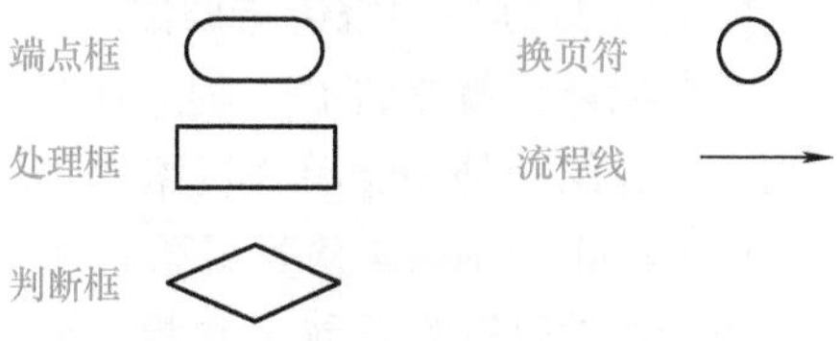

图 1-12　流程图中常用的图形符号

根据程序设计的要求，可以画出流水灯的流程图如图 1-13 所示。

参考程序如下：

```
#include < reg52.h >
//1ms 延时函数
void delayms ( unsigned int i)           //使用 12MHz 晶体振荡器时的延时的循环次数
{
    unsigned int j;
    for ( ; i! = 0; i -- )
    {
        for( j = 0; j < 123; j ++ );
    }
}
//主程序
int main( void)
{
    unsigned char i, j;
    while(1)
    {
        i = 0x01;
        for( j = 0; j < 8; j ++ )
        {
            P1 = ~ i;
            delayms(1000);
            i = i << 1;
        }
    }
    return 0;
}
```

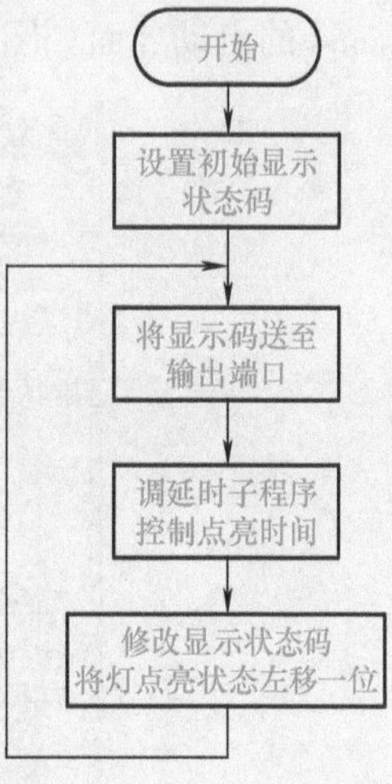

图 1-13　流水灯的流程图

程序中 "P1 = ~ i" 是什么含义呢？ " ~ " 是按位取反运算符，它是将变量 i 中的值按位取反。例如,i 的初值为 0x01,按位取反后就变成了 0xFE,然后再把 0xFE 赋值给 P1。在"i = i << 1;"中,"<<"是左移运算符,它将 i 的内容左移一位,再送回变量 i 中,若 i = 0x01,则执行完"i = i << 1;"后,i 的值为 0x02。本程序就是利用左移的功能让 8 个流水灯依次点亮。

1.6.4 流水灯的系统调试

1. 流水灯程序的编译与调试

所谓编译,就是将 C51 程序通过编译软件(如 Cx51 编译器)转换成机器语言的过程。下文重点介绍一种用于单片机编译与调试用的软件——Keil μVision4 仿真调试软件。

(1) Keil μVision4 仿真调试软件　Keil μVision4 是美国 Keil Software 公司出品的 51 系列兼容单片机软件开发系统。它提供了包括 C 编译器、宏汇编、连接器、库管理和一个功能强大的仿真调试器在内的完整开发方案,通过一个集成开发环境(μVision)将这些部分组合在一起。Keil μVision4 的最大优点就是编译后生成的汇编代码效率非常高,很容易理解,因此 Keil μVision4 也成为开发人员使用 C 语言开发系统首选的工具软件。这里简单介绍 Keil μVision4 软件的使用方法。

1) Keil μVision4 的安装与启动。Keil μVision4 的安装只需要进入"setup"目录下,双击"setup.exe"进行安装,按照安装程序的提示输入相关内容,就可以自动完成安装了。安装完成后,双击桌面上的 Keil μVision4 图标,就可以进入 Keil μVision4 的界面了。Keil μVision4 的启动界面如图 1-14 所示。

图 1-14　Keil μVision4 的启动界面

在图 1-14 中,最上面的是 Keil μVision4 的菜单栏,菜单栏下方是工具栏。在工具栏下面,有三个窗口区,左上方的 Project 窗口是项目管理窗口,用于管理当前工程及各种项目文件;右方是 Keil μVision4 的工作区,用于编辑程序源代码;下方的 Build Output 窗口是 Keil μVision4 的输出信息窗口,用于显示编译的状态、错误和警告信息。

2) 新建源程序。选择"File"→"New"菜单命令,或者单击工具栏上的新建文件按钮,即可在项目窗口的右侧打开一个新的文本编辑窗口,在该窗口中输入 C51 程序,如图 1-15 所示。

项目1 单片机最小系统

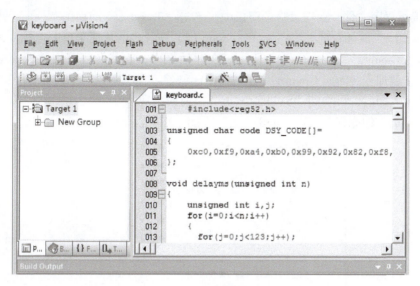

图 1-15 新建源程序文件

保存该文件,并加上扩展名,如 waterled.c。C51 源程序用".c"作为扩展名。

3)新建工程文件。在项目开发中,并不是只有一个源程序就可以了,有些项目会由多个源程序组成。为了管理和使用文件方便,也为了这个项目的参数设置方便(如选择合适的 CPU,确定编译、汇编、连接的参数及指定调试的方式等),通常将参数设置和所需要的文件都放在一个工程中,使开发人员可以轻松地管理它们。

选择"Project"→"New μVision Project"菜单命令,可以打开新建工程对话框,输入所需建立的工程文件名,如 waterled(不需要扩展名),单击"保存"按钮。打开选择 CPU 对话框,如图 1-16 所示,在这个对话框中选择 Atmel 公司的 AT89S51 芯片,单击"OK"按钮,工程文件就建立好了。

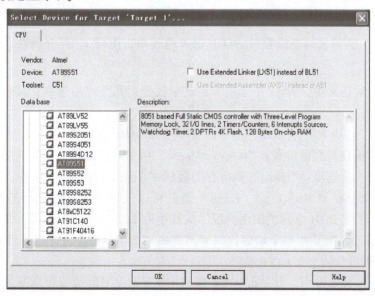

图 1-16 选择 CPU 对话框

37

4）加载源程序文件。在项目管理窗口中，单击"Target 1"前面的"+"，展开下一层"Source Group 1"。鼠标右键单击"Source Group 1"，在弹出的快捷菜单中选择"Add Files to Group 'Source Group 1'"，如图1-17所示。在对话框中，查找源程序文件，如waterled.c，将其选定后，就加入Source Group 1中了。

返回到主界面后，可看到"Source Group 1"前面出现了"+"，单击"+"，展开下一层后，可看到加入的源程序文件waterled.c。双击该文件，即可打开该程序文件。

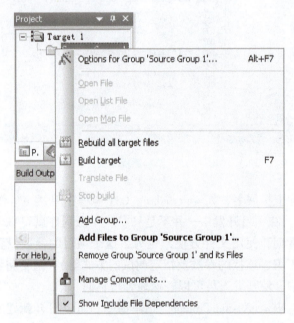

图1-17　用右键快捷菜单加载源程序文件

5）工程的设置。在编译、调试前，还需要对工程进行详细的参数设置。

用鼠标右键单击项目管理窗口中的"Target 1"，在弹出的快捷菜单中选择"Options for Target 'Target 1'"，打开属性设置对话框。也可通过单击图标 打开属性设置对话框，如图1-18所示。

在属性设置对话框中，有11个选项卡，这里仅介绍几个常用选项，其余的请参考相关书籍。

在"Target"选项卡中，"Xtal"用于设置硬件所用的晶体振荡器频率，可根据外部实际硬件电路的晶体振荡器频率设置。"Memory Model"用于C51编译器对默认的存储器类型模式进行设置，有3个选项："Small"是所有变量都在单片机的内部RAM中；"Compact"是可以使用256B外部扩展RAM；而"Large"则是可以使用全部外部扩展的RAM。"Code Rom Size"用于设置ROM空间的使用情况，同样也有3个选项："Small"是指程序存储空间为2KB；"Compact"是指单个函数代码量不能超过2KB，整个程序可以使用64KB空间；而"Large"则可以使用全部64KB空间。

在"Output"选项卡中，"Create HEX File"用于生成提供给编程器写入的可执行代码文件，如果要进行编程器写入操作，就必须选定该项。

项目1 单片机最小系统

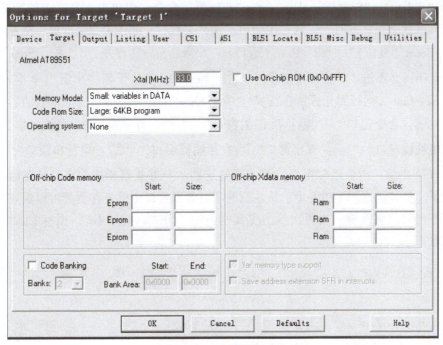

图1-18 属性设置对话框

属性设置对话框中的其他选项卡与C51编译选项、A51汇编选项及BL51连接器的连接选项的设置有关，这里就不一一介绍了。

6）编译及调试。选择"Project"→"Translate"菜单命令，就可以对当前文件进行编译了。若选择"Build target"命令，则会对当前工程进行连接，如果文件已修改，则会先对该文件进行编译。若选择"Rebuild all target files"命令，则将会对当前工程中的所有文件重新进行编译并连接。

以上3种编译连接操作也可通过编译连接工具栏完成，如图1-19a所示。

编译连接过程中的信息将会出现在主界面下方的输出信息窗口中，如果源程序有语法错误，则会有错误报告出现，双击错误报告即可定位到出错行，待修改完全正确后，则会在输出信息窗口出现图1-19b所示的信息。此时，就可进入仿真调试工作了。

a) 编译连接工具栏

b) 编译正确信息提示

图1-19 编译连接工具栏及输出信息窗口

选择"Debug"→"Start/Stop Debug Session"菜单命令，或单击工具栏上的图标 ，就可以进入调试状态了。此时，工具栏中会出现调试工具栏，如图1-20a所示。从左到右依次是"：Reset（复位）""：Run（运行）""：Stop（停止）""：Step（单步）""：Step Over（不进入子程序单步）""：Step Out（从子程序中退出单步）""：Run to Cursor Line（运行到光标所在行）""：Show Next Statement（显示当前程序计数器状态）""：命令窗口""：反汇编窗口""：符号窗口""：寄存器窗口""：调用堆栈窗口""：观察窗口""：存储器窗口""：串行口窗口""：逻辑分析窗口""：指令跟踪窗口"等。通过这些命令并观察相应的窗口状态就可以进行程序调试了。例如，在图1-20b中，从左侧的项目管理窗口中的寄存器页可以观察到运行程序时各寄存器的状态改变。当再次单击工具栏上的"开始/停止调试"图标 时，就可以退出调试状态了。

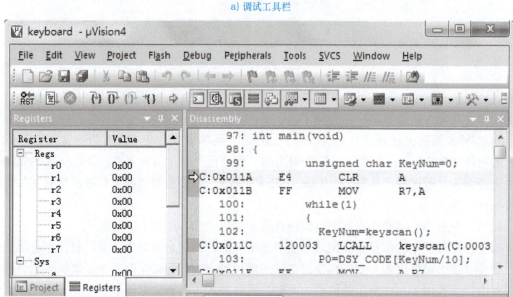

a) 调试工具栏

b) 调试界面

图1-20 调试工具栏及调试界面

（2）流水灯的源程序编译　在Keil μVision4软件中新建工程文件并命名为"waterled"，输入流水灯C51源程序，以"waterled.c"为文件名保存。单击编译图标 ，即可生成"waterled.hex"文件。

（3）流水灯Proteus仿真　Proteus软件是英国Labcenter公司开发的电路分析与实物仿真软件，是一种电子设计自动化软件，运行于Windows操作系统上。该软件提供了可仿真数字和模拟、交流和直流等数千种元器件及多种虚拟仪器仪表，还提供了图形显示功能，可以将线路上变化的信号以图形的方式实时地显示出来。它提供Schematic Drawing、SPICE仿真与

PCB 设计功能，可以仿真、分析（SPICE）各种模拟元器件和集成电路，同时可以仿真 51 系列、AVR、PIC 等单片机和 LED 数码管、键盘、电动机、A-D 及 D-A 转换器等外围接口设备。它还提供软件调试功能，具有全速、单步、设置断点等调试功能，可以观察各个变量、寄存器等的当前状态，同时支持第三方的软件编译和调试环境，如 Keil μVision4 等软件。

1）在 Proteus 仿真环境下画出流水灯电路图。打开 Proteus ISIS 7 Professional，进入 Proteus 的原理图编辑界面，如图 1-21 所示。在此界面下，包括菜单栏、工具栏及多个窗口。其中，图形编辑区用于绘制电路原理图；工具箱中有各种常用工具，包括选择工具、拾取元器件工具、放置节点工具、标注工具、文本工具、终端工具、引脚工具、激励源工具及虚拟仪器工具等；通过在对象选择器中选择不同的工具箱图标按钮即可决定当前状态显示的内容，显示的内容包括元器件、终端、引脚、图形符号及图表等。

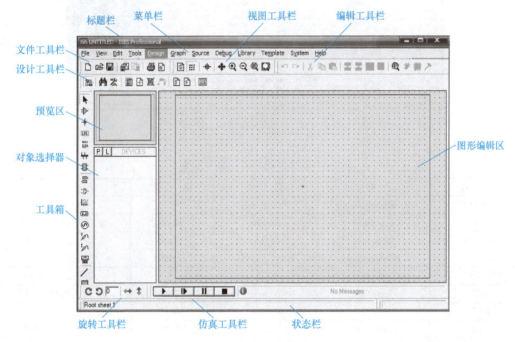

图 1-21 Proteus 的原理图编辑界面

在绘制电路原理图之前，首先应选择所需的元器件。选择"Library"→"Pick Device/Symbol"菜单命令或单击 ，也可单击图 1-22 中的图标 P 打开元器件拾取对话框，如图 1-23 所示。

以查找 AT89S51 单片机为例，在类列表中选择"Microprocessor ICs"类，并在子类列表中选择"8051 Family"子类，就会在元器件列表区域出现期望的元器件，如图 1-23 所示。这里没有 AT89S51，可以选 AT89C51 代替。流水灯硬件电路的其他元器件也可按相同的方法找到，流水灯硬件电路所需元器件见表 1-8。

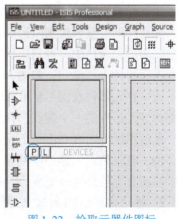

图 1-22 拾取元器件图标

图 1-23　元器件拾取对话框

表 1-8　流水灯硬件电路所需元器件

元器件名	类	子 类	参 数	备 注
AT89C51	Microprocessor ICs	8051 Family		代替 AT89S51
CAP	Capacitors	Generic	30pF	瓷片电容，用于起振
CAP-ELEC	Capacitors	Generic	10μF	电解电容，用于复位
CRYSTAL	Miscellaneous		12MHz	晶体振荡器
LED-RED	Optoelectronics	LEDs		红色发光二极管
RES	Resistors	Generic	220Ω	发光二极管限流电阻
RES	Resistors	Generic	10kΩ	复位电阻、上拉电阻
RES	Resistors	Generic	100Ω	复位电路泄流电阻
BUTTON	Switches & Relays	Switches		复位按钮

用鼠标单击对象选择器中的某一元器件名，把鼠标指针移动到图形编辑区，单击鼠标左键，元器件即可被放置到图形编辑区中。用该方法将所有流水灯硬件电路所需的元器件依次放置到图形编辑区中，可利用鼠标右键菜单对已放置的元器件位置进行调整，还可用鼠标右键双击元器件来删除它，如图 1-24 所示。

将所有元器件按图 1-8 所示电路连线，Proteus 的连线非常智能，只需用鼠标左键单击图形编辑区元器件的一个端点，再用鼠标左键单击所需连接的另一个元器件的端点即可。

最后用鼠标左键双击每个元器件，通过元器件编辑对话框修改所有元器件的参数，包括电容值、电阻值及元器件序号等，如图 1-25 所示。

将所有元器件连线完成后，将其存盘，如图 1-26 所示。

2) 将 "waterled.hex" 文件加入 Proteus 中，进行虚拟仿真。双击 AT89C51 单片机芯片，可打开元器件编辑对话框，如图 1-27 所示。在 "Program File" 栏中，单击打开按钮，选

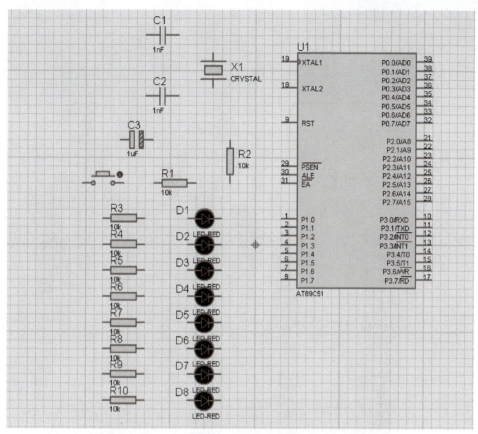

图 1-24　放置元器件

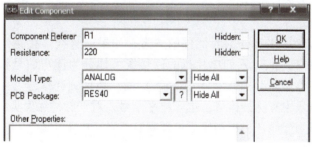

图 1-25　元器件编辑对话框

取目标代码文件"waterled.hex"。在"Clock Frequency"栏中设置时钟频率为 12MHz，如图 1-27 所示。当 Proteus 仿真运行时，时钟频率以单片机元器件编辑对话框中设置的频率值为准，所以在 Proteus ISIS 界面中设计电路原理图时，可以略去单片机的时钟电路。另外，复位电路也可略去。

在 Proteus 仿真界面中的仿真工具栏中单击按钮 ▶ ，启动全速仿真，此时 LED 灯就会依次从上到下点亮，如图 1-26 所示。用鼠标单击仿真工具栏中的 ■ 按钮，即可停止仿真。

2. 联机调试并下载程序

联机调试必须借助仿真开发装置、示波器、逻辑分析仪及万用表等工具。这些工具是单片机开发中的常用调试工具，这里不做赘述。

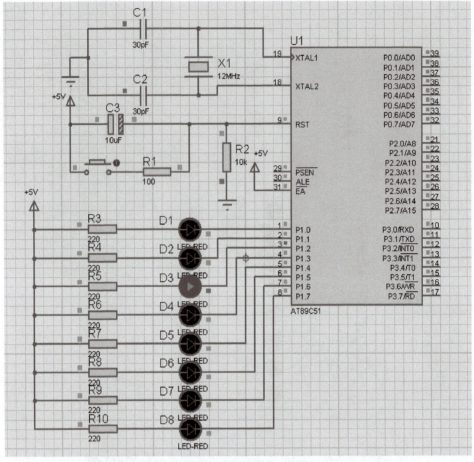

图 1-26　流水灯仿真片段

信号线是联络 AT89S51 和外部元器件的纽带，如果信号线连接错误或时序不对，就会造成对外围电路读写错误。51 系列单片机的信号线大体分为读写信号线、片选信号线、时钟信号线、片外程序存储器读选通信号（PSEN）线、地址锁存信号（ALE）线及复位信号线等几大类。这些信号中有脉冲信号，也有电平信号。对于脉冲触发类的信号，要用软件来配合，并应把程序编为死循环，再利用示波器观察；对于电平类触发信号，可以直接用示波器观察。

由于 AT89S51 单片机可进行 ISP 下载，当程序较简单时，可将经仿真软件调试成功的程序直接下载到硬件电路板的单片机中，进行联机调试即可，如图 1-28 所示。图 1-28a 为并行口 ISP 下载线，图 1-28b 为 USB 口 ISP 下载线，图 1-28c 为 ISP 下载软件界面。建议选用 USB 口 ISP 下载线，其使用非常方便，可提供 5V 电源，请读者自行购买。

若下载不成功，则需检查单片机最小系统中的时钟电路和复位电路是否工作正常。若程序较复杂，Proteus 仿真软件无仿真模型可供调试时，就必须利用仿真开发装置进行联机调试。

本任务较为简单，可将已调试成功的流水灯程序通过 ISP 下载线下载到硬件电路板上的单片机中，然后将下载线拔出，接通电源，观察运行结果。

项目1　单片机最小系统

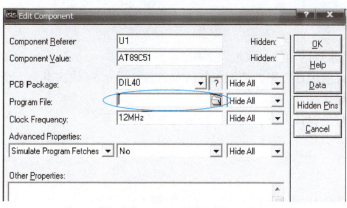

图1-27　加载目标代码文件

a) 并行口ISP下载线

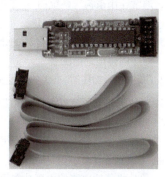

b) USB口ISP下载线

c) ISP下载软件界面

图1-28　ISP下载

1.6.5 改进与提高

进一步完善流水灯的功能，改进以下几点。

1）修改流水灯的设计方案，使流水灯从左向右每隔0.5s依次点亮，全亮后，再从右向左每隔0.5s依次熄灭。

2）修改流水灯的设计方案，实现4种不同的花样显示。

习 题

一、填空题

1. DIP 封装的 AT89S51，40 脚接_____，20 脚接_____。

2. AT89S51 单片机的 P0 ~ P3 口均是_____ I/O 口，其中的 P0 口和 P2 口除了可以进行数据的输入、输出外，通常还用来构建系统的_____和_____；在 P0 ~ P3 口中，_____为真正的双向口，_____为准双向口；_____具有第二引脚功能。

3. AT89S51 单片机片内数据存储器的地址范围是_____，位地址空间的字节地址范围是_____，对应的位地址范围是_____。片外数据存储器的最大可扩展容量是_____。

4. PSW 中 RS1 RS0 = 10H 时，R2 的地址是_____。

5. AT89S51 单片机外部不扩展程序存储器时，EA 引脚应_____。

6. 一个 C51 源程序至少应包括一个_____函数。

7. C51 的扩展数据类型_____，用来访问 51 单片机所有的特殊功能寄存器。

二、选择题

1. AT89S51 单片机复位电路的主要功能是把 PC 初始化为（　　）。
 (A) 0003H　　　(B) 2000H　　　(C) 0000H　　　(D) 4000H

2. 判断是否溢出时用 PSW 的（　　）标志位，判断是否有进位时用 PSW 的（　　）标志位。
 (A) CY　　　(B) OV　　　(C) P　　　(D) AC

3. 在 AT89S51 单片机中，用户可使用的 16 位寄存器是（　　）。
 (A) PSW　　　(B) ACC　　　(C) SP　　　(D) DPTR

4. 指令和程序是以（　　）形式存放在程序存储器中的。
 (A) 源程序　　(B) 汇编程序　　(C) 二进制编码　　(D) BCD 码

5. 使用 Keil μVision4 软件编程时，如果编写 C51 源程序，则应以（　　）为文件扩展名存盘。
 (A) .hex　　　(B) .c　　　(C) .asm　　　(D) .lst

6. 在 C51 的数据类型中，unsigned char 型的数据长度及数值范围为（　　）。
 (A) 单字节，-128 ~ 127
 (B) 双字节，-32768 ~ 32767
 (C) 单字节，0 ~ 255
 (D) 双字节，0 ~ 65535

7. C51 变量的存储器类型为 code，则表示变量定义的存储区域为（　　）。
 (A) 可直接寻址的片内数据存储器
 (B) 程序存储器
 (C) 可位寻址的片内数据存储器
 (D) 片外数据存储器

三、编程应用题

1. 设计一个流水灯，让8个 LED 从左向右，再从右向左循环点亮。

2. 设计一个交通灯控制程序，要求如下：

用P1口控制6个发光二极管，模拟十字路口交通灯的工作。东西向与南北向的红、绿、黄灯各一个。交通灯的工作规律为：十字路口是东西南北走向。每一时刻每个方向只能有一个灯亮，初始状态为东西南北向均红灯亮，1s后转入状态1——南北绿灯亮同时东西红灯亮；延时20s后转入状态2——南北黄灯亮同时东西红灯亮；5s后转入状态3——东西绿灯亮同时南北红灯亮；延时20s后转入状态4——东西黄灯亮同时南北红灯亮；5s后转入状态1。如此顺序循环。

项目 2　数码管显示电路及应用

本项目通过设计与制作秒表的工作任务，详细介绍了 LED 数码管及其显示驱动电路、显示程序设计等知识，以及制作调试单片机显示电路的基本方法。

知识目标	技能目标
1）认识 LED 数码管及其种类 2）掌握单片机的静态和动态显示电路 3）掌握 C51 的运算符、表达式及常用语句 4）掌握数码管显示程序的设计 5）了解点阵及液晶显示程序的设计	1）制作静态及动态显示硬件电路 2）掌握显示程序的调试方法

2.1　LED 数码管简介

在单片机应用系统中，通常要使用显示器作为输出设备，常用的显示器有 LED 数码管、点阵显示器及液晶显示器 3 种。

2.1.1　LED 数码管的类型

LED（Light Emitting Diode）是发光二极管的缩写，LED 数码管是由若干段发光二极管构成的，当某些段的发光二极管导通时，LED 数码管显示对应的字符。LED 数码管控制简单、使用方便，在单片机中应用非常普遍，其外形如图 2-1 所示。

a）单位数码管　　b）双位数码管　　c）四位数码管

图 2-1　各种常用数码管的外形

七段 LED 数码管的引脚及内部连线如图 2-2 所示。

七段 LED 数码管内部的发光二极管有共阴极和共阳极两种连接方法，如图 2-2b、c 所示。对于共阴极数码管来说，其 8 个发光二极管的阴极共用一个公共端，阳极独立，通常在设计电路时将阴极公共端接地，给任一阳极输入高电平后，其对应的发光二极管点亮；对于共阳极数码管，其 8 个发光二极管的阳极共用一个公共端，阴极独立，工作时将阳极公共端接高电平，任一阴极输入低电平，其对应的发光二极管点亮。

项目2 数码管显示电路及应用

数码管内部的发光二极管点亮时，需要 5mA 以上的电流，但电流不可过大，否则会烧毁发光二极管。一般可采用共阳极方式通过限流电阻直接与单片机 I/O 口相连；如果采用共阴极连接方式，则通常需要外加驱动电路，以提高单片机 I/O 口的驱动能力。

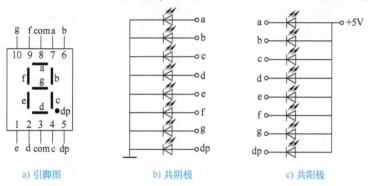

a) 引脚图　　　　　　b) 共阴极　　　　　　c) 共阳极

图 2-2　七段 LED 数码管的引脚及内部连线

2.1.2　LED 数码管的字形码

使用 LED 数码管时，要注意区分共阴极和共阳极两种不同的接法。为了显示数字或符号，要为 LED 数码管提供代码（字形码），字形码在两种接法中是不同的。

7 段发光二极管再加上一个小数点位，共计 8 段，提供给 LED 数码管的字形码正好为一个字节，各字形码的对应关系见表 2-1。

表 2-1　LED 数码管的字形码的对应关系

代码位	D7	D6	D5	D4	D3	D2	D1	D0
显示段	dp	g	f	e	d	c	b	a

用 LED 数码管显示十六进制数的字形码见表 2-2。

表 2-2　用 LED 数码管显示十六进制数的字形码

显示字符	共阳极码	共阴极码	显示字符	共阳极码	共阴极码
0	C0H	3FH	9	90H	6FH
1	F9H	06H	A	88H	77H
2	A4H	5BH	B	83H	7CH
3	B0H	4FH	C	C6H	39H
4	99H	66H	D	A1H	5EH
5	92H	6DH	E	86H	79H
6	82H	7DH	F	8EH	71H
7	F8H	07H	"灭"	FFH	00H
8	80H	7FH			

2.2　LED 数码管的显示方式

LED 数码管的显示方式分为静态显示和动态显示两种。

49

2.2.1 静态显示

实际使用的 LED 数码管通常由多位构成，对多位 LED 数码管的控制包括字形控制（显示什么字符）和字位控制（哪些位显示）。在静态显示方式下，每一位显示器的字形控制线是独立的，分别接到一个 8 位 I/O 口上，字位控制线连在一起，接地或 +5V。图 2-3 所示为共阳极数码管的静态显示接口电路，每个数码管与一个 I/O 口连接，公共端接 +5V 电源。

要想控制某个数码管显示，只需要输出对应的字形码即可。

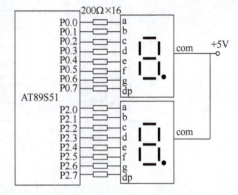

图 2-3 静态显示接口电路

2.2.2 动态显示

当 LED 数码管位数较多时，为简化电路，一般采用动态显示方式。所谓动态显示，就是轮流点亮每位数码管，在同一时刻只有一位数码管在工作（点亮），但由于人眼的视觉暂留效应和发光二极管熄灭时的余辉，将出现多个字符"同时"显示的现象。

为了实现 LED 数码管的动态显示，通常将所有位的字形控制线并联在一起，由一个 8 位 I/O 口控制，每一位 LED 数码管的字位控制线（即每个数码管的阴极公共端或阳极公共端）分别由相应的 I/O 口控制，实现各位的分时选通。对于两位一体、四位一体等的数码管，它们内部的公共端是独立的，而显示字符的字形控制线已连在一起，可直接使用，如图 2-4 所示。

通常把各数码管公共端的组合称为位选线，字形控制线称为段选线。

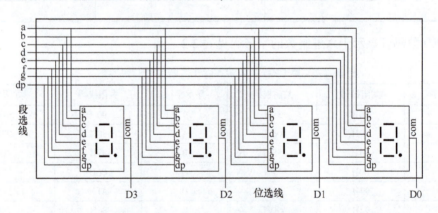

图 2-4 四位一体数码管的内部结构

控制动态显示的方法是轮流向 4 个数码管送出字形码和相应的位选信号，让多位数码管依次被点亮，同时控制每个数码管点亮的时间，这样就可利用发光二极管的余辉和人眼的视觉暂留效应实现动态扫描显示了。

图 2-5 所示为单片机与四位一体共阳极数码管的动态显示接口电路。段选线直接与 P0 口相连，位选线经放大电路与 P2.0～P2.3 相连。

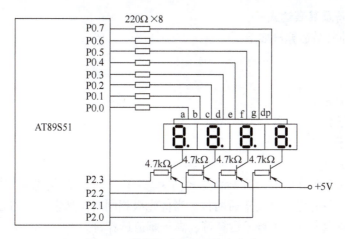

图 2-5 单片机动态显示接口电路

2.3 C51 的运算符、表达式及常用语句

2.3.1 C51 的运算符和表达式

运算符就是完成某种特定运算的符号，C51 中常用的运算符有赋值运算符、算术运算符、关系运算符、逻辑运算符及位运算符等。表达式是由运算符和运算对象所组成的具有特定含义的式子，在表达式后面加上";"就构成了表达式语句。

1. 赋值运算符及其表达式

赋值运算符"="在 C51 中的功能是给变量赋值。利用赋值运算符将一个变量和一个表达式连接起来的式子就是赋值表达式，在表达式后面加上";"则成为赋值语句。例如：

```
a = 0x86;       //将常数 0x86 赋值给变量 a
f = a + b;      //将变量 a + b 的值赋值给变量 f
```

2. 算术运算符及其表达式

C51 中最基本的 5 种算术运算符如下。
1) +：加法或正值符号。
2) −：减法或负值符号。
3) *：乘法。
4) /：除法。
5) %：模（求余）。

用算术运算符和括号将运算对象连接起来的式子就是算术表达式。例如：

```
a + b;
a + b * c/d;
```

算术运算符的优先级规定为：先乘除模，后加减，括号最优先，当优先级相同时，按从左向右的方向运算。

3. 关系运算符及其表达式

C51 中的 6 种关系运算符如下。

1) <：小于。

2) >：大于。

3) <=：小于等于。

4) >=：大于等于。

5) ==：等于。

6) !=：不等于。

在上述 6 种关系运算符中，前 4 种（<、>、<=、>=）的优先级相同，后两种(==、!=)也相同，前 4 种的优先级高于后两种。当优先级相同时按从左向右的方向运算。

关系运算符的优先级低于算术运算符，高于赋值运算符。

用关系运算符将两个表达式连接起来的式子称为关系表达式。关系表达式的结果是一个逻辑值，即真或假，以 1 代表真，以 0 代表假。例如：

c > a + b 等效于 c > (a + b)

若 a = 4，b = 1，c = 6，则上式的结果为真，表达式值为 1。

4. 逻辑运算符及其表达式

C51 中的 3 种逻辑运算符如下。

1) &&：逻辑"与"。

2) ||：逻辑"或"。

3) !：逻辑"非"。

"&&""||"要求有两个运算对象，而"!"只需一个运算对象。

C51 的逻辑运算符与算术运算符、赋值运算符之间的优先级顺序如图 2-6 所示。其中"!"运算符的优先级最高，算术运算符次之，关系运算符再次之，"&&""||"再次之，最低为赋值运算符。

用逻辑运算符将关系表达式或逻辑量连接起来的式子称为逻辑表达式。逻辑表达式的结果是一个逻辑量真或假，与关系表达式的值相同，以 0 代表假，以 1 代表真。例如：

若 a = 4，b = 8，则

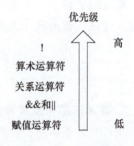

图 2-6　优先级顺序

!a	为假(0)
a&&b	为真(1)
(a>2)||(b>10)	为真(1)

5. 位运算符及其表达式

C51 可以对运算对象进行按位操作。位运算符的作用是按位对变量进行运算，但不能用于浮点型数据。

C51 中的 6 种位运算符如下。

1) &：按位与。

2) |：按位或。

3) ^：按位异或。
4) ~：按位取反。
5) ≪：位左移。
6) ≫：位右移。

在上述 6 种位运算符中，"~"优先级最高，"≪""≫"优先级次之，"&""|""^"优先级最低。当优先级相同时按从左向右的方向运算。例如：

若 a = 0x86，b = 0x0F，则

a&b	结果为 0x06
a^b	结果为 0x89
a≪2	将 a 中的内容向左移两位，结果为 0x18

6. 自增减运算符及其表达式

C51 提供的两种自增减运算符如下。

1) ++：自增。
2) −−：自减。

这种运算符的作用是使变量值自动加 1 或减 1，自增运算和自减运算只能用于变量而不能用于常量表达式，运算符放在变量前和变量后是不同的。

自增减运算符的优先级高于算术运算符、关系运算符及赋值运算符等。当优先级相同时按从右向左的方向运算。例如：

```
−i++    等效于 −(i++)
后置运算：i++（或 i−−）是先使用 i 的值，再执行 i+1（或 i−1）。
前置运算：++i（或 −−i）是先执行 i+1（或 i−1），再使用 i 的值。
```

对自增、自减运算的理解和使用是比较容易出错的，应仔细地分析，例如：

```
int i = 100，j;
j = ++i;      // j = 101，i = 101
j = i++ ;     // j = 101，i = 102
```

编程时常将"++""−−"这两个运算符用于循环语句中，使循环变量自动加 1；也常用于指针变量，使指针自动加 1 指向下一个地址。

7. 复合运算符及其表达式

复合运算符就是在赋值运算符"="前面加上其他运算符，C51 提供的 10 种复合运算符如下：

+=（加法赋值），−=（减法赋值），*=（乘法赋值），/=（除法赋值），%=（求模赋值），&=（与赋值），|=（或赋值），^=（异或赋值），≪=（左移赋值），≫=（右移赋值）。

复合运算符是 C51 中简化程序的一种方法，采用这种方法会降低程序的可读性，但却可以使程序代码简单化，并能提高编译的效率。

2.3.2 C51 的常用控制语句——选择语句和循环语句

C51 语言是一种结构化编程语言。其基本元素是模块，每个模块包含若干个基本结构，

每个基本结构中包含若干条语句。C51 程序有 3 种基本结构：顺序结构、选择结构和循环结构。通过 C51 中的程序控制语句可实现这些基本结构的编程，从而使程序结构化。

1. 选择语句 if

在实际处理问题时，常需要根据给定的条件进行判断以选择不同的处理路径，这就是选择结构程序。在 C51 程序中，选择结构程序设计常使用 if 语句实现。

if 语句的基本结构是

> if（条件表达式）
> {语句;}

在这种结构中，如果括号中的表达式成立（为真），则程序执行花括号中的语句；否则程序将跳过花括号中的语句部分，执行下面的其他语句。C51 还提供了 3 种形式的 if 语句。

（1）if…语句　格式如下：

> if（条件表达式）{语句体;}

其执行流程如图 2-7a 所示。单片机对条件表达式的值进行判断，若为"真"，则执行下面的语句体；若为"假"，就不执行下面的语句体。例如：

> if（P1!=0）
> {a=10;}

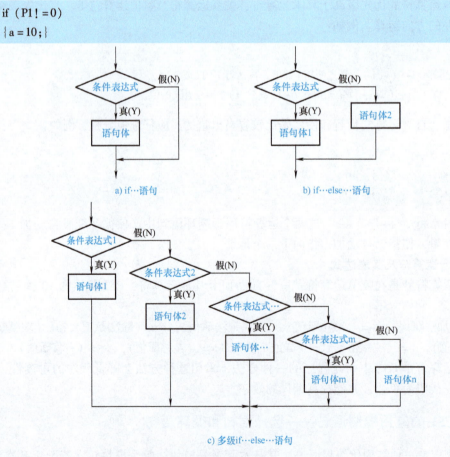

图 2-7　if 语句的 3 种形式执行流程

项目2　数码管显示电路及应用

（2）if…else…语句　其格式如下：

```
if（条件表达式）
{语句体1;}
else
{语句体2;}
```

其执行流程如图2-7b所示。单片机对条件表达式的值进行判断，若为"真"，则执行语句体1；若为"假"，则执行语句体2。

例如：

```
if（P1!=0）
{a=10;}
else
{a=0;}
```

（3）多级if…else…语句　其格式如下：

```
if（条件表达式1）
{语句体1;}
else if（条件表达式2）
{语句体2;}
else if（条件表达式3）
{语句体3;}
    ⋮
else if（条件表达式m）
{语句体m;}
else
{语句体n;}
```

其执行流程如图2-7c所示。单片机对条件表达式1的值进行判断，若为"真"，则执行语句体1，然后退出if语句；若为"假"，则对条件表达式2的值进行判断，若为"真"，则执行语句体2，然后退出if语句；若为"假"，则对条件表达式3的值进行判断，……，以此类推，最后若表达式m也不成立，则执行else后面的语句体n。else和语句体n也可省略不用。

2. 循环语句

在许多实际问题中，常需要进行具有规律性的重复操作，这就需要设计循环结构的程序。通过执行循环结构的程序，便可实现所需的成千上万次重复操作。

作为构成循环结构的循环语句，一般由循环体及循环终止条件两部分组成。在C51中用来实现循环的语句有3种：while语句、do while语句和for语句。

（1）while语句　while语句用来实现当型循环结构，其基本格式如下：

```
while（表达式）
{循环体}
```

while 语句的执行流程如图 2-8 所示。单片机首先判断表达式是否为真，若为"真"，则执行循环体内的语句；若为"假"，则终止循环，执行循环体之外的下一行语句。

例如：

```
while((P1&0x10)==0)
{
    i++;
}
```

如果循环条件总为真，如在单片机 C51 程序设计中经常使用的语句 while（1），表达式值永远为 1，即循环条件永远成立，则表示死循环。

（2）do while 语句　do while 语句用来实现直到型循环结构，其基本格式如下：

```
do
{循环体}
while（表达式）
```

其执行流程如图 2-9 所示。单片机首先执行循环体内的语句一次，再判断表达式是否为真，若为"真"，则继续执行循环体内的语句，直到表达式为"假"时终止循环。

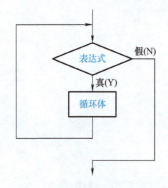
图 2-8　while 语句的执行流程

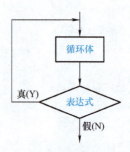
图 2-9　do while 语句的执行流程

例如：

```
do
{
    i++;
} while (P1^0 ==0);
```

（3）for 语句　for 语句是 C51 程序设计中用得最多也是使用最为灵活的循环语句。它可以在一条语句中包含循环控制变量初始化、循环条件及循环控制变量的增值等内容，既可用于循环次数已知的情况，也可用于循环次数不确定的情况。

for 语句的基本格式如下：

```
for（表达式 1；表达式 2；表达式 3）
{循环体}
```

其中，表达式1是循环控制变量的初始化表达式，表达式2是循环条件表达式，表达式3是循环控制变量的增值表达式。

与while语句相同，for语句也是当型循环结构，for语句的执行流程如图2-10所示。其执行过程如下：

1）执行表达式1，先对循环变量赋初值，进行初始化。

2）判断表达式2是否满足给定的循环条件，若满足条件，则执行循环体内的语句，然后执行第3）步；若不满足循环条件，则结束循环，执行for循环下面的一条语句。

3）若表达式2为真，则在执行循环语句后，求解表达式3，然后回到第2）步。

例如：

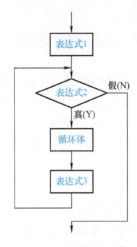

图2-10　for语句执行流程

```
for (sum = 0, i = 0; i <= 100; i ++)
{
    sum = sum + i;
}
```

进行C51程序设计时，死循环也可以采用如下的for语句实现：

```
for (;;)
{
    表达式；
}
```

可见，for中的3个表达式都是可选项，即可以省略，但必须保留";"。

while、do while和for语句都可以用来处理相同的问题，一般可以互相代替。for语句主要用于给定循环变量初值、循环次数明确的循环结构，而要在循环过程中才能确定循环次数及循环控制条件的问题一般用while、do while语句更方便。

【例2-1】　设计一个延时1ms的函数。程序如下：

```
void delay_nms (unsigned int i)    //使用12MHz晶体振荡器时的延时循环次数
{
    unsigned char j;
    while (i --)
    {
        for (j = 0; j < 123; j ++);
    }
}
```

这个程序可以利用实参代替形参i，实现以ms为单位的延时。如给这个程序传递一个50的数值，则可以产生50ms的延时。

根据编译工具执行情况分析，用j进行的内循环大约延时8μs，但延时并不精确，不同的编译器会产生不同的延时，可根据实验调整j值的上限。

2.4 LED 数码管显示程序设计

在数码管的显示程序设计中，常需要查显示码表，如何在 C51 中实现查表功能呢？这就需要使用 C51 中的构造数据类型——数组。

1. 数组的概念

（1）一维数组的定义　在 C51 中，数组必须先定义、后使用。一维数组的定义格式如下：

　　类型说明符 数组名［常量表达式］；

类型说明符是指数组中的各个数组元素的数据类型；数组名是用户定义的数组标识符；方括号中的常量表达式表示数组元素的个数，也称为数组的长度。

例如：

　　int a［10］；　　//定义整型数组 a，有 10 个元素
　　char ch［20］；　//定义字符数组 ch，有 20 个元素

定义数组时，应注意以下几点：

1）数组的类型实际上是指数组元素的取值类型。对于同一个数组，所有元素的数据类型都是相同的。

2）数组名的书写规则应符合标识符的书写规定。

3）数组名不能与其他变量名相同。

4）方括号"［］"中的常量表达式表示数组元素的个数，如 a［5］表示数组 a 有 5 个元素。数组元素的索引从 0 开始计算，5 个元素分别为 a［0］、a［1］、a［2］、a［3］、a［4］。

5）方括号中的常量表达式不可以是变量，但可以是符号常数或常量表达式。

（2）数组元素　数组元素也是一种变量，其标志方法为数组名后跟一个索引。索引表示该数组元素在数组中的顺序号，只能为整型常量或整型表达式。如为小数时，C51 编译器将自动取整。定义数组元素的一般形式为：

　　数组名［索引］

在程序中不能一次引用整个数组，只能逐个使用数组元素。例如，数组 a 包括 10 个数组元素，累加 10 个数组元素之和，必须使用下面的循环语句逐个累加各数组元素：

　　int a［10］，sum；
　　sum＝0；
　　for（i＝0；i＜10；i++）sum＝sum＋a［i］；

不能用一个语句累加整个数组，下面的写法是错误的：

　　sum＝sum＋a；

（3）数组赋值　数组赋值的方法有赋值语句和初始化赋值两种。

1）数组赋值语句赋值。在程序执行过程中，可以用赋值语句对数组元素逐个赋值，

例如：

```
for (i = 0; i < 10; i++)
    num [i] = i;
```

2) 数组初始化赋值。这种方式在数组定义时给数组元素赋予初值，是在编译阶段进行的，可以减少程序的运行时间，提高程序的执行效率。初始化赋值的一般形式为：

类型说明符 数组名 [常量表达式] = {值，值，…，值}；

其中在{ }中的各数据值即为相应数组元素的初值，各值之间用逗号间隔，例如：

int num [10] = {0, 1, 2, 3, 4, 5, 6, 7, 8, 9}；

相当于：

num [0] = 0；num [1] = 1；…；num [9] = 9；

2. 数码管动态显示的 C51 程序设计

编程实现四位一体共阳极 LED 数码管从左到右依次显示数字"1""2""3""4"（参照图 2-5 所示电路）。参考程序如下：

```c
#include <reg51.h>
unsigned char code dis_tab [10] = {0xC0, 0xF9, 0xA4, 0xB0, 0x99, 0x92, 0x82, 0xF8, 0x80, 0x90};          //共阳极数码管段码
unsigned char code dis_bit [4] = {0xF7, 0xFB, 0xFD, 0xFE};  //位码
void delay_nms (unsigned int i)         //使用12MHz晶体振荡器时的延时循环次数
{
unsigned int j;
for (; i! = 0; i—)
{
    for (j = 0; j < 123; j++);
}
}

int main (void)
{
unsigned char i;
P0 = 0xFF;
while (1)
{
    for (i = 0; i < 4; i++)
    {
        P2 = dis_bit [i];
        P0 = dis_tab [i + 1];
        delay_nms (2);
```

```
            }
        }
    return 0;
    }
```

本程序中使用动态扫描的方法,每个数码管点亮的时间为 2ms。dis_tab [10] 为七段数码管的段码表,dis_bit [4] 为数码管的位码表,程序中使用查表的方法来点亮数码管。在数组定义语句中,关键字"code"是为了把 dis_tab 数组存储在片内程序存储器 ROM 中,该数组与程序代码一起固化在程序存储器中。

2.5 点阵与液晶显示器

2.5.1 8×8 点阵显示器

点阵显示器实际上就是 LED 数码管,构成显示器的所有 LED 都依矩阵形式排列。点阵显示器主要用来制作电子显示屏,广泛用于火车站、体育场、股票交易厅及大型医院等地点做信息发布或广告显示。其优点是能够根据所需的大小、形状、单色或彩色进行编辑,利用单片机控制实现各种动态效果或图形显示。

1. 分类和结构

点阵显示器的显示颜色有单色、双色和三色。依 LED 的极性排列方式,点阵显示器可分为共阴极与共阳极两种类型。根据矩阵每行或每列所含 LED 个数的不同,点阵显示器还可分为 5×7、8×8、16×16 等类型。以单色共阳极 8×8 点阵显示器为例,其外观和引脚排列如图 2-11 所示,其内部结构如图 2-12 所示。

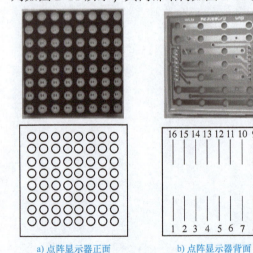

图 2-11 点阵显示器的外观和引脚排列　　图 2-12 点阵显示器的内部结构

2. 显示原理

由图 2-12 可知,只要让某些 LED 亮,就可以组成数字、英文字母、图形和汉字。从内部结构不难看出,点亮 LED 的方法就是要让该 LED 所对应的 Y 线、X 线加上高、低电平,使 LED 处于正向偏置状态。如果采用直接点亮的方式，则显示形状是固定的；而若采用多行扫描的方式，就可以实现很多动态效果。无论使用哪种形式，都要依据 LED 的亮暗来组成图案。以下针对数字、字母和汉字的显示做简要说明。

数字、字母和简单的汉字只需一片 8×8 点阵显示器就可以显示，但如果要显示较复杂的汉字，则必须要由几个 8×8 点阵显示器共同组合才能完成。图 2-13 给出了数字"0"、字母"A"和汉字"工"的造型表。

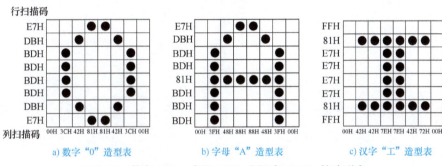

a) 数字"0"造型表　　b) 字母"A"造型表　　c) 汉字"工"造型表

图 2-13　数字"0"、字母"A"和汉字"工"的造型表

点阵显示器的造型表通常以数据码表的形式存放在程序中，使用数组对其进行读取。

点阵显示器常采用扫描法显示数字或字符造型。有两种扫描方式：行扫描和列扫描。

行扫描就是控制点阵显示器的行线依次输出有效驱动电平，当每行行线状态有效时，分别输出对应的行扫描码至列线，驱动该行 LED 点亮。如图 2-12 中，若要显示数字"0"，可先将 Y0 行置"1"，X7~X0 输出"11100111（E7H）"；再将 Y1 行置"1"，X7~X0 输出"11011011（DBH）"；按照这种方式，将行线 Y0~Y7 依次置"1"，X7~X0 依次输出相应行扫描码值。

列扫描与行扫描类似，只不过是控制列线依次输出有效驱动电平，当第 n 列有效时，输出列扫描码至行线，驱动该列 LED 点亮。如图 2-12 中，若要显示数字"0"，可先将 X0 列置"0"，Y7~Y0 输出"00000000（00H）"；再将 X1 列置"0"，Y7~Y0 输出"00111100（3CH）"；按照这种方式，将列线 X0~X7 依次置"0"，Y7~Y0 依次输出相应行的扫描码值。

行扫描和列扫描都要求点阵显示器一次驱动一行或一列（8 个 LED），如果不外加驱动电路，LED 会因电流较小而亮度不足。点阵显示器的常用驱动电路可采用 74LS244、ULN2003 等芯片驱动。

【例 2-2】用 P0 口控制点阵显示器的行线，用 P2 口控制点阵显示器的列线。要求用 8×8 点阵显示器循环显示数字"0"。

8×8 点阵显示器的电路接线如图 2-14 所示，由于 LED 显示器需要的电流较大，所以在行线和列线上都要加驱动器。本电路在行线上采用 74LS273 锁存器实现驱动，在列线上采用 74LS07 实现驱动。

采用列扫描法设计程序，"0"字符的列扫描码为 00H、3CH、42H、81H、81H、42H、3CH 和 00H。参考程序如下：

```
#include <reg51.h>
#define uchar unsigned char
#define uint unsigned int
```

```c
uchar code Y [8] = {0x00,0x3C,0x42,0x81,0x81,0x42,0x3C,0x00};  //"0"字符列扫描码
uchar code X [8] = {0xFE,0xFD,0xFB,0xF7,0xEF,0xDF,0xBF,0x7F}; //"0"字符行线状态
                                                               //从右向左依次清零
void delay_nms (uint i)         //1ms 延时
{
    uint j;
    while (i--)
    {
        for (j=0; j<123; j++);
    }
}

//P0 控制行线，P2 控制列线
int main (void)
{
    while (1)
    {
        uchar i;
        for (i=0; i<8; i++)
        {
            P2 = 0xFF;           //清屏
            P0 = Y [i];          //列线扫描
            P2 = X [i];          //行线扫描
            delay_nms (1);
        }
    }
}
```

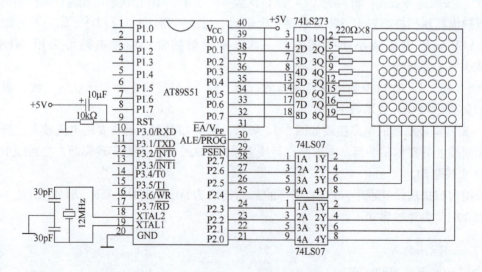

图 2-14　8×8 点阵显示器的电路接线

2.5.2 LCD1602 液晶显示器

液晶显示器（LCD）是一种利用液晶在电场作用下光学性质发生变化以显示图形的显示器。液晶显示器具有显示质量高、体积小、重量轻及功耗低等优点。它既可以显示字符，也可以显示点阵图形，在仪器仪表上及办公设备中应用广泛。

通常，液晶显示器的内部是由液晶显示器件、连接件、集成电路、印制电路板、背光源和结构件组合在一起构成的一个整体，因此也称为液晶显示模块。液晶显示模块的显示形式可分为数显式、点阵字符式及点阵图形式 3 种。这里以点阵字符式液晶显示模块 LCD1602 为例，介绍液晶显示器的使用方法。

1. LCD1602 液晶显示模块的内部结构

点阵字符式液晶显示模块是一类专门用于显示字母、数字及符号等的点阵式 LCD。它是由若干个 5×7 或 5×11 等点阵字符位组成的，每个点阵字符位都可以显示一个字符。LCD1602 是一种 16×2 点阵字符的液晶显示模块，广泛用于数字式便携仪表中，其外形及引脚如图 2-15 所示。

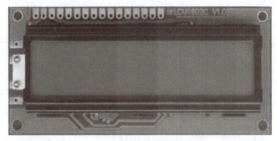

a) 外形

b) 引脚分配

图 2-15 LCD1602 的外形及引脚

对 LCD1602 的引脚说明如下。

1）V_{SS}：接地端。

2）V_{DD}：电源正极，接 +5V 电压。

3）VL：液晶显示偏压信号。

4）RS：数据/命令寄存器选择端。高电平表示选通数据寄存器，低电平表示选通命令寄存器。

5）R/$\overline{W}$：读/写选择端。高电平表示读操作，低电平表示写操作。

6）E：使能端，高电平有效。

7）D0~D7：数据输入/输出端。

8）BLA：背光源正极。

9）BLK：背光源负极。

2. LCD1602 的控制命令

LCD1602 内部采用一片型号为 HD44780 的集成电路作为控制器。该控制器具有驱动和控制两个主要功能，其内部包含了 80 个字节的显示缓冲区 DDRAM 及用户自定义的字符发生存储器 CGROM，可以用于显示数字、英文字母及常用符号和日文假名等，每个字符都有一个固定的代码，如数字的代码为 30H~39H，大写字母 A 的代码为 41H 等。将这些字符代码输入 DDRAM 中，就可以实现显示。还可以通过对 HD44780 编程实现字符的移动、闪烁等功能。

显示缓冲区 DDRAM 的地址分配按 16×2 的格式一一对应。具体格式见表 2-3。

表 2-3　显示缓冲区 DDRAM 的地址分配格式

00	01	02	03	04	05	06	07	08	09	0A	0B	0C	0D	0E	0F	…	27
40	41	42	43	44	45	46	47	48	49	4A	4B	4C	4D	4E	4F	…	67

如果是第一行第一列,则地址为00H;若为第二行第三列,则地址为42H。

控制器内部设有一个数据地址指针,可用它访问内部显示缓冲区的所有地址,数据指针的设置必须在缓冲区地址基础上加 80H。例如:要访问第一行第一列的数据,则指针为80H + 00H = 80H。

LCD1602 内部控制器有 4 种工作状态:

1) 当 RS = 0、R/$\overline{W}$ = 1、E = 1 时,可从控制器中读出当前的工作状态。

2) 当 RS = 0、R/$\overline{W}$ = 0、E 为上升沿时,可向控制器写入控制命令。

3) 当 RS = 1、R/$\overline{W}$ = 1、E = 1 时,可从控制器读数据。

4) 当 RS = 1、R/$\overline{W}$ = 0、E 为上升沿时,可向控制器写数据。

LCD1602 内部的控制命令共有 11 条,这里简单介绍以下几条。

(1) 清屏　LCD1602 的清屏命令见表 2-4。

表 2-4　LCD1602 的清屏命令

RS	R/$\overline{W}$	E	D7	D6	D5	D4	D3	D2	D1	D0	功能
0	0	1	0	0	0	0	0	0	0	1	清屏

该命令用于清除显示器,即将 DDRAM 中的内容全部写入"空"的 ASCII 码"20H"。此时,光标回到显示器的左上方。同时将地址计数器 AC 的值设置为 0。

(2) 光标归位　LCD1602 的光标归位命令见表 2-5。

表 2-5　LCD1602 的光标归位命令

RS	R/$\overline{W}$	E	D7	D6	D5	D4	D3	D2	D1	D0	功能
0	0	1	0	0	0	0	0	0	1	×	光标归位

该命令用于使光标回到显示器的左上方,同时,地址计数器 AC 的值设置为"0",DDRAM 中的内容不变。

(3) 模式设定　LCD1602 的模式设定命令见表 2-6。

表 2-6　LCD1602 的模式设定命令

RS	R/$\overline{W}$	E	D7	D6	D5	D4	D3	D2	D1	D0	功能
0	0	1	0	0	0	0	0	1	I/D	S	模式设定

该命令用于设定每写入一个字节数据后,光标的移动方向及字符是否移动。

若 I/D = 0、S = 0,则光标左移一格且地址计数器 AC 减 1;若 I/D = 1、S = 0,则光标右移一格且地址计数器 AC 加 1;若 I/D = 0、S = 1,则显示器字符全部右移一格,但光标不动;若 I/D = 1、S = 1,则显示器字符全部左移一格,但光标不动。

(4) 显示器开关控制　LCD1602 的显示器开关控制命令见表 2-7。

表 2-7　LCD1602 的显示器开关控制命令

RS	R/W	E	D7	D6	D5	D4	D3	D2	D1	D0	功能
0	0	1	0	0	0	0	1	D	C	B	开关控制

当 D = 1 时，显示器显示；D = 0 时，显示器不显示。
当 C = 1 时，光标显示；C = 0 时，光标不显示。
当 B = 1 时，光标闪烁；B = 0 时，光标不闪烁。

（5）功能设定　LCD1602 的功能设定命令见表 2-8。

表 2-8　LCD1602 的功能设定命令

RS	R/$\overline{W}$	E	D7	D6	D5	D4	D3	D2	D1	D0	功能
0	0	1	0	0	1	1	1	0	0	0	功能设定

该命令表示设定当前显示器的显示方式为 16×2，字符点阵 5×7，8 位数据接口。

3. LCD1602 的读写操作时序

LCD1602 的读操作主要用于读取 DDRAM 中的数据，其工作时序如图 2-16 所示，读写时序参数见表 2-9。编程时很少使用，这里不做详细介绍。

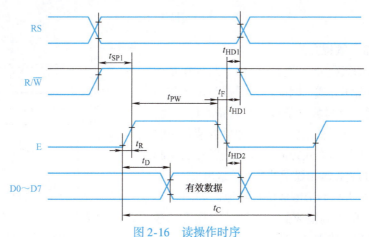

图 2-16　读操作时序

表 2-9　读写时序参数

符号	时序参数	极限值（单位：ns）		测试条件
		最小值	最大值	
t_C	E 信号周期	400		引脚 E
t_{PW}	E 信号宽度	150		
t_R、t_F	E 信号上升沿/下降沿时间		25	
t_{SP1}	地址建立时间	30		引脚 E、RS、R/$\overline{W}$
t_{HD1}	地址保持时间	10		
t_D	数据建立时间（读）		100	引脚 D0 ~ D7
t_{HD2}	数据保持时间（读）	20		
t_{SP2}	数据建立时间（写）	40		
t_{HD2}	数据保持时间（写）	10		

LCD1602 的写操作是液晶控制中的主要操作方式，用于控制液晶的工作模式及输出显示数据，其工作时序如图 2-17 所示。

写操作的工作流程如下：

1）通过 RS 确定是写数据还是写指令。
2）将读/写控制端设置为写模式，即低电平。
3）将数据送达数据线上。

4）给 E 端加一个高脉冲，将数据写入液晶控制器。

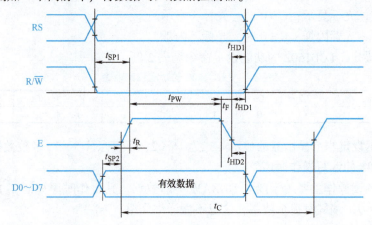

图 2-17　写操作时序

4. 接口电路及编程方法

对 LCD1602 的编程分两步完成。由于写操作是液晶显示器常用的操作方式，因此可先根据写操作时序编写相应的写指令及写数据子程序，以备程序调用；然后对液晶显示器进行初始化操作，即设置液晶控制器的工作方式，如显示模式控制、光标位置控制及起始字符地址等；再将待输出显示的数据传送出去。

AT89S51 单片机与 LCD1602 的接口电路如图 2-18 所示。其中，VL 用于调整液晶显示器的对比度，接地时，对比度最高；接正电源时，对比度最低。

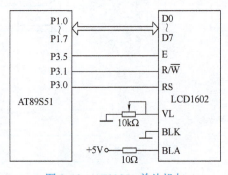

图 2-18　AT89S51 单片机与 LCD1602 的接口电路

【例 2-3】　设计将字符"A"通过液晶显示器 LCD1602 显示在屏幕的左上角。
参考程序如下：

```c
#include <reg51.h>
#define uchar unsigned char
#define uint unsigned int

sbit RS = P3^0;
sbit RW = P3^1;
sbit E = P3^5;
uchar num;
//延时 1ms 函数
void delay (uint z)
{
    uint x, y;
    for (y = z; y > 0; y--)
        for (x = 123; x > 0; x--);
}
```

```
//写指令函数
void lcd_wcode (uchar inst)
{
    RS = 0;
    RW = 0;
    P1 = inst;
    E = 0;
    delay (1);
    E = 1;
    delay (1);
    E = 0;
    RS = 1;
}
//写数据函数
void lcd_wdata (uchar data)
{
    RS = 1;
    RW = 0;
    P1 = data;
    E = 0;
    delay (1);
    E = 1;
    delay (1);
    E = 0;
    RS = 1;
}
//主程序
void main ()
{
    num = 0;
    lcd_wcode (0x38);          //设置8位、2行、5×7点阵
    lcd_wcode (0x0f);          //显示器开,光标允许闪烁
    lcd_wcode (0x06);          //文字不动,光标自动右移
    lcd_wcode (0x01);          //清屏并复位光标
    lcd_wcode (0x80 + 1);      //写入第一行第2个位置
    lcd_wdata ('A');           //显示"A"
    while (1);
}
```

2.6 秒表的设计与制作

2.6.1 工作任务

秒表是一种常用的计时仪器,可以用于运动、生活及生产中的各种计时场合,其外形如

图 2-19 所示。

本任务是利用单片机和两位 LED 数码管制作一个秒表,任务要求如下:

1)显示时间为 00~99s,每过 1s 自动加 1,计满显示"FF"。

2)设计一个开始按钮 S1 和一个停止按钮 S2,按开始按钮,显示秒数从 00 开始;按停止按钮,保持实时时间,停止计时。

2.6.2 秒表硬件电路的设计与制作

1. 硬件电路图

秒表的硬件电路如图 2-20 所示。这里采用静态显示的方式将 P0 口和 P2 口接两个共阳极 LED 数码管,并通过 220Ω 的限流电阻限制通过 LED 数码管的电流。为了控制秒表的启动和清零,在按钮复位电路中设计了复位按键 S1(开始按钮)。用于停止秒表工作的按键 S2(停止按钮)的一端与 P3.2 相连,另一端接地。31 脚 $\overline{EA}/V_{PP}$ 与 +5V 电源相连,以保证单片机上电复位后从片内程序存储器开始运行程序。

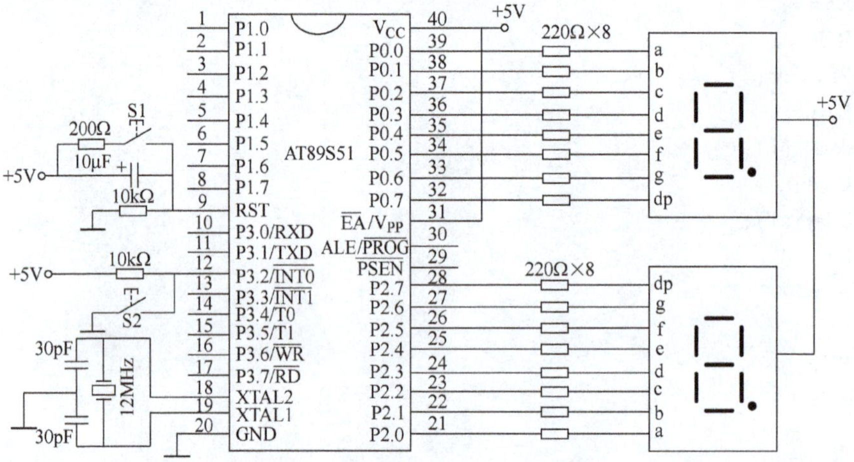

图 2-19 秒表的外形

图 2-20 秒表的硬件电路

2. 焊接硬件电路

硬件电路图设计完成后,可进行印制电路板的制板,由于秒表电路比较简单,可采用万能板制作。准备好元器件及焊接测试用工具(电烙铁、焊锡丝、松香、吸锡器、斜口钳、镊子及万用表)后,即可制作硬件电路,元器件清单见表 2-10。

表 2-10 制作秒表的元器件清单

序号	元器件名称	规格	数量
1	51 单片机最小系统		1 套
2	限流电阻	220Ω,200Ω	16 个,1 个
3	七段 LED 数码管	共阳极	2 个
4	按钮	四爪微型轻触开关	2 个

3. 测试硬件电路

秒表电路可按以下步骤进行硬件测试:

1）测量单片机40脚和20脚是否正确地分别与电源和地相连。
2）测量复位电路和晶体振荡器电路是否工作正常。
3）测量31脚是否与电源相连。
4）测量下载口接线是否正确。
5）测量LED数码管静态显示电路接线是否正确，同时应注意测量所选数码管的类型及引脚。

2.6.3 秒表的软件设计

参考程序如下：

```c
//C51 源程序 SecondWatch.c
#include <reg51.h>

sbit KeyDown = P3^2;
bit flag;                           //是否停止标志

unsigned char code dis_tab [10] = {0xC0, 0xF9, 0xA4, 0xB0, 0x99,
                    0x92, 0x82, 0xF8, 0x80, 0x90}; //共阳极码表
unsigned char i, Second_Counts;
//1ms 延时函数
void delay_nms (unsigned int i)     //使用12MHz晶体振荡器时的延时循环次数
{
    unsigned int j;
    for ( ; i! = 0; i-- )
    {
        for (j = 0; j < 123; j++);
    }
}
//主程序
int main (void)
{
    P0 = 0xFF;
    P2 = 0xFF;
    Second_Counts = 0;
    i = 0;
    flag = 1;                       //停止按键未按下
    while (1)
    {
        delay_nms (10);
        i ++ ;
        if (i == 100)
        {
            Second_Counts ++ ;
```

```
            i = 0;
            if (Second_Counts == 100) Second_Counts = 0;  //计时满100s，清零计数单元
            P0 = dis_tab [Second_Counts/10];              //分离秒计数值十位并显示
            P2 = dis_tab [Second_Counts%10];              //分离秒计数值个位并显示
        }
        if (!KeyDown)              //停止按键按下，标志清零，停机等待
        {
            P0 = dis_tab [Second_Counts/10];
            P2 = dis_tab [Second_Counts%10];
            flag = 0;
        }
    } while (!flag);
    return 0;
}
```

2.6.4 秒表的系统调试

1. 秒表程序的编译与调试

（1）秒表程序的编译　在Keil μVision4软件中新建工程文件并命名为"SecondWatch"，输入秒表C51源程序，以"SecondWatch.c"为文件名保存。单击编译图标，即可生成"SecondWatch.hex"文件。

（2）秒表Proteus仿真

1）在Proteus仿真环境下画出秒表电路图。秒表硬件电路所需元器件见表2-11。按图2-20画出秒表仿真电路图，可省略时钟电路和复位电路，如图2-21所示。

表2-11　秒表硬件电路所需元器件

元器件名	类	子类	参数	备注
AT89C51	Microprocessor ICs	8051 Family		代替AT89S51
RES	Resistors	Generic	220Ω	限流电阻
RES	Resistors	Generic	10kΩ	上拉电阻（可省略）
7SEG—COM—ANODE	Optoelectronics	7—Segment Displays		共阳极数码管
BUTTON	Switches & Relays	Switches		S2

2）将编译后的"SecondWatch.hex"文件加入Proteus中，进行虚拟仿真。双击AT89C51单片机芯片，可打开元件编辑对话框，选取目标代码文件"SecondWatch.hex"，在Proteus仿真界面中的仿真工具栏中单击按钮，启动全速仿真，观察两位数码管显示的秒数，并随机按下按钮S2，观察秒表工作是否正常。

2. 联机调试并下载程序

将已通过软件调试的秒表程序经ISP下载线下载到硬件电路板上的单片机中，将下载线拔出，接通电源，观察结果，同时用标准秒表进行校准。如果秒表显示时间不准确，调整软件延时程序中的循环次数设定值。

若下载不成功，则需检查单片机最小系统中的时钟电路和复位电路是否工作正常。

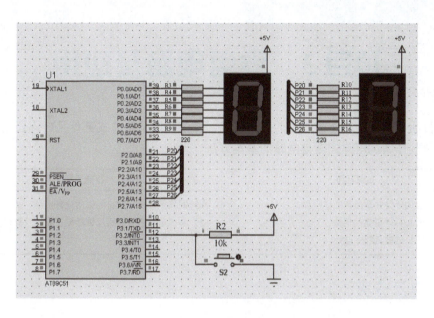

图 2-21　秒表仿真电路图

2.6.5　改进与提高

进一步完善秒表的功能，改进以下几点：

1）将秒表的精度提高到 0.01s。

2）修改秒表的设计方案，要求用 LED 数码管以动态显示方式实现秒表的工作，同时要求显示小数点。

习　　题

一、填空题

1. LED 数码管有_____和_____两种显示方式。
2. 若 LED 为共阳极接法，则 P 的七段代码值应当为_____H。
3. 多位数码管的位选线用来控制_____，段选线用来控制_____。
4. 循环程序常用_____语句和_____语句实现。
5. while 语句和 do while 语句的区别在于：_____语句是先执行后判断，_____语句是先判断后执行。

二、选择题

1. 已知一位共阴极 LED 数码管，其中 a 段为字形码的最低位，若需显示数字 1，则字形码应为(　　)。
（A）06H　　　　（B）F9H　　　　（C）30H　　　　（D）CFH
2. N 位 LED 数码管采用动态显示方式时，需要提供的 I/O 口线总数是（　　）。
（A）$8+N$　　　（B）$8\times N$　　　（C）N　　　　（D）$2\times N$

三、编程应用题

1. 设计一个带倒计时显示的交通灯系统，设计要求见项目 1 习题中的第 2 个编程应用题。
2. 设计一个电子时钟。显示格式为"XX　XX　XX"，从左向右分别是时、分、秒。
3. 利用 8×8 点阵显示器设计一个循环显示数字 0~9 的电子广告牌。

项目 3　键盘电路及应用

本项目通过设计与制作密码锁的工作任务，详细介绍了独立式键盘及矩阵式键盘的程序设计，以及制作调试矩阵式键盘电路的基本方法。

知识目标	技能目标
1）认识键盘的分类并掌握其工作原理 2）掌握 switch/case 语句的用法 3）掌握单片机的键盘程序设计	1）制作单片机控制密码锁的硬件电路 2）掌握单片机控制密码锁的程序设计及调试方法

3.1　键盘及分类

在单片机应用系统中，通常使用键盘完成人机对话，实现控制命令及数据的输入。键盘分为非编码键盘和编码键盘，由软件完成对按键闭合状态的识别称为非编码键盘，由专用硬件实现对按键闭合状态的识别称为编码键盘，如个人计算机用的键盘。AT89S51 单片机使用的是非编码键盘，本书主要讨论非编码键盘及其接口电路。

3.1.1　按键简介

在单片机外围电路中，通常用到的按键都是机械弹性开关，当开关闭合时，电路导通；当开关断开时，电路断开。图 3-1 是几种单片机系统常用的按键。

a) 弹性小按键(一)　　b) 弹性小按键(二)　　c) 自锁式按键　　d) 拨码开关

图 3-1　常用的按键

图 3-1a、b 为弹性小按键，按下时闭合；松开后自动断开。图 3-1c 为自锁式按键，在按下时闭合，且自动锁住，松开后也不会断开，只有再次按下时才弹起断开，一般将其作为开关用。图 3-1d 为拨码开关，相当于 4 个或 8 个拨动开关封装在一起，其体积小，使用非常方便。

3.1.2　键盘的类型

键盘根据其按键构成方式的不同可分为独立式键盘和矩阵式键盘两种。

1. 独立式键盘

单片机的外围控制常采用弹性小按键，将按键的一端接地，另一端与单片机某一 I/O 口线相连,如图 3-2 所示。如果接 P0 口需要加上拉电阻,而如果是 P1、P2、P3 口则可以直接与 I/O 口线相连。独立式键盘的结构比较简单,但每个按键都占用了一个口线,因此只适用于按键数量比较少的情况。

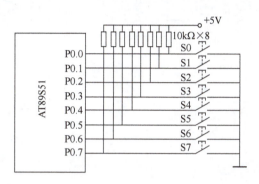

图 3-2 独立式键盘的连接

2. 矩阵式键盘

当按键数量较多时,可将这些按键按行列构成矩阵,在每个行列的交点上连接一个按键,因此又称为矩阵式键盘或行列式键盘。图 3-3 所示为一个 4×4 矩阵式键盘的结构示意图。

设键盘中有 $m \times n$ 个按键,采用矩阵式结构需要 $m + n$ 条口线。图 3-3 中的键盘有 4×4 个按键,则需要 4+4 条口线,若键 4 被按下,则行线 X1 与列线 Y0 接通。X1 行若为低电平,则 Y0 列也输出低电平,而其他列输出都为高电平,根据行和列的电平信号就可以判断出按键所处的位置。

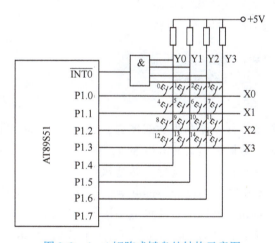

图 3-3 4×4 矩阵式键盘的结构示意图

3.1.3 键盘的消抖

按键是一种机械开关,其机械触点在闭合或断开瞬间,会出现电压抖动的现象,抖动时间一般为 5~10ms,如图 3-4 所示。为了保证按键识别的准确性,可采用硬件和软件两种方法进行消抖处理。硬件方法可采用 RS 触发器等消抖电路。软件方法则是采用时间延迟(10ms),待信号稳定后再判别键盘的状态,若仍有按键闭合,则确认有键按下,否则认为是按键的抖动。软件消抖流程图如图 3-5 所示。

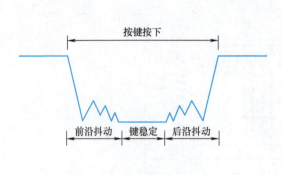

图 3-4　按键的电压抖动

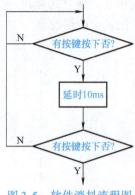

图 3-5　软件消抖流程图

3.2　键盘的 C51 程序设计

3.2.1　switch/case 语句

C 语言提供了一种用于并行多分支选择的 switch 语句，其一般形式如下：

```
switch（表达式）
{
        case 常量表达式 1：语句组 1；break；
        case 常量表达式 2：语句组 2；break；
                ⋮
        case 常量表达式 n：语句组 n；break；
        default          ：语句组 n + 1；
}
```

该语句的执行过程是：首先计算表达式的值，并逐个与 case 后的常量表达式的值相比较，当表达式的值与某个常量表达式的值相等时，则执行对应该常量表达式后的语句组，再执行 break 语句，跳出 switch 语句的执行，继续执行下一条语句。如果表达式的值与所有 case 后的常量表达式均不相同，则执行 default 后的语句组。break 语句的功能是中止当前语句的继续执行，即跳出 switch 语句。如果在 case 语句中遗忘了 break，则程序在执行了本行 case 语句之后，不会按规定退出 switch 语句，而是执行后续的 case 语句。

3.2.2　键盘的 C51 程序设计实例

1. 独立式键盘程序设计

独立式键盘程序设计一般采用查询方式，即查询与按键相连的 I/O 口线上的输入状态，若 I/O 口线上的输入状态为低电平，则可确认与该 I/O 口线相连的按键被按下，然后再转向该键的功能处理程序。若按键数量少，则可采用 if 语句进行查询；若按键数量较多，则可采用 switch 语句。对于图 3-2 所示的独立式键盘，按键查询程序如下：

```c
#include <reg51.h>

//1ms 延时函数
void delay_nms (unsigned int i)
{
    unsigned int j;
    for ( ; i! =0; i-- )
    {
        for (j=0; j<123; j++);
    }
}

//主程序
void main ( )
{
    unsigned char i;
    P0 = 0xFF;
    i = 0;
    while (1)
    {
        i = P0;
        if (i! = 0xFF)              //是否有键按下
        {
            delay_nms (10);         //延时消抖
            i = P0;                 //再次读按键状态
            switch (i)              //根据键值转向不同的处理函数
            {
                case 0xFE: key0 ( ); break;   //省略键值处理函数 key0 ( ),以下与此相同
                case 0xFD: key1 ( ); break;
                case 0xFB: key2 ( ); break;
                case 0xF7: key3 ( ); break;
                case 0xEF: key4 ( ); break;
                case 0xDF: key5 ( ); break;
                case 0xBF: key6 ( ); break;
                case 0x7F: key7 ( ); break;
                default: break;
            }
        }
    }
}
```

2. 矩阵式键盘程序设计

(1) 矩阵式键盘按键的识别　按键的识别功能是判断键盘中是否有按键按下,若有按键按下,则确定按键所在的行列位置和键值。按键的识别方法有扫描法和反转法两种,其中扫描法使用较为常见,下面以图 3-3 中的键盘为例,说明扫描法识别按键的过程。

识别过程如下：

1) 判断键盘上有无按键闭合。由 AT89S51 单片机向所有行线 X0～X3 输出低电平"0"，然后读列线 Y0～Y3 的状态，若为全"1"，即键盘上列线全为高电平，则说明键盘上没有按键按下，若 Y0～Y3 不为全"1"则表明有键按下。

2) 消抖处理。当判断有键闭合后，需要进行消抖处理。

3) 判别键号。将行线中的一条置"0"，若该行无键按下，则所有的列线状态均为"1"；若有键按下，则相应的列线会为"0"。依次将行线置"0"，读取列线状态，根据行列线号获得键号。在图 3-3 中，若 X0～X3 输出为 1101 时，读出 Y0～Y3 为 1101，则 X2 行 Y2 列相交的键处于闭合状态，闭合的键号等于为低电平行的首键号与为低电平的列号之和，即

$$N = 为低电平行的首键号 + 为低电平的列号 = 8 + 2 = 10$$

4) 键的释放。再次延时等待闭合键释放，键释放后将键值送入 A 中，然后执行处理按键对应的功能操作。

(2) 矩阵式键盘程序设计　单片机对键盘的扫描方式有编程扫描方式、定时扫描方式和中断扫描方式 3 种。

1) 编程扫描方式。编程扫描方式是利用 CPU 的空闲时间，调用键盘扫描子程序，响应键盘的输入请求。

【例 3-1】　矩阵式键盘键号显示电路如图 3-6 所示，试编程实现键号显示。

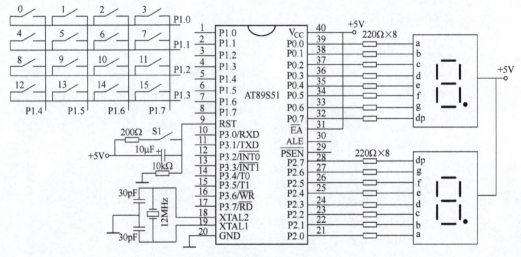

图 3-6　矩阵式键盘键号显示电路

参考程序如下：

```
#include <reg51.h>

unsigned char code DSY_CODE[ ] = {0xC0, 0xF9, 0xA4, 0xB0, 0x99, 0x92, 0x82, 0xF8, 0x80, 0x90};
//1ms 延时函数
void delayms(unsigned int n)
{
```

```
unsigned int i, j;
for (i = 0; i < n; i++)
{
    for (j = 0; j < 123; j++);
}
}

//按键扫描函数,得到按键的值
unsigned char keyscan (void)
{
unsigned char temp, num;
P1 = 0xFE;
temp = P1;
temp& = 0xF0;
if (temp! = 0xF0)
{
    delayms (2);
    temp = P1
    temp& = 0xF0
      switch (temp)
        {
            case 0xE0: num = 0x00; break;
            case 0xD0: num = 0x01; break;
            case 0xB0: num = 0x02; break;
            case 0x70: num = 0x03; break;
            default: break;
        }
}
P1 = 0xFD;
temp = P1;
temp& = 0xF0;
if (temp! = 0xF0)
{
    delayms (2);
    temp = P1
    temp& = 0xF0
      switch (temp)
        {
            case 0xE0: num = 0x04; break;
            case 0xD0: num = 0x05; break;
            case 0xB0: num = 0x06; break;
            case 0x70: num = 0x07; break;
            default: break;
        }
```

```c
}
P1 = 0xFB;
temp = P1;
temp& = 0xF0;
if (temp! = 0xF0)
{
    delayms (2);
    temp = P1
    temp& = 0xF0
      switch (temp)
      {
        case 0xE0: num = 0x08; break;
        case 0xD0: num = 0x09; break;
        case 0xB0: num = 0x0A; break;
        case 0x70: num = 0x0B; break;
        default: break;
      }
}
P1 = 0xF7;
temp = P1;
temp& = 0xF0;
if (temp! = 0xF0)
{
    delayms (2);
    temp = P1
    temp& = 0xF0
      switch (temp)
      {
        case 0xE0: num = 0x0C; break;
        case 0xD0: num = 0x0D; break;
        case 0xB0: num = 0x0E; break;
        case 0x70: num = 0x0F; break;
        default: break;
      }
}
return (num);
}
//主程序
int main (void)
{
    unsigned char KeyNum = 0;
    while (1)
    {
        KeyNum = keyscan ( );
```

```
            P0 = DSY_CODE [KeyNum/10];
            P2 = DSY_CODE [KeyNum%10];
        }
        return 0;
    }
```

在扫描法中，CPU 的空闲时间必须扫描键盘，否则有键按下时 CPU 将无法知道，但多数时间中 CPU 处于空扫描状态，不利于程序的优化。

2) 定时扫描方式。通常利用单片机内部的定时器产生 10ms 定时中断，CPU 响应中断对键盘进行扫描，响应键盘的输入请求。

3) 中断扫描方式。在图 3-3 中，当按键按下时，列线中必有一个为低电平，经与门输出低电平，向单片机 $\overline{INT0}$ 引脚发出中断请求，CPU 执行中断服务程序，判断闭合的键号并进行相应的处理，这种方法可大大提高 CPU 的效率。

3.3 密码锁的设计与制作

3.3.1 工作任务

电子锁是由电子电路控制锁体的新型锁具，它采用触摸（键盘）方式输入开锁密码，具有操作方便、简单易行、成本低及安全实用等特点。它符合住宅、办公室的用锁要求，如智能小区安防系统中的室外主机、宾馆中的保险箱等，如图 3-7 所示。

本任务是利用单片机和 8 位 LED 数码管、4×3 矩阵式键盘制作一个电子密码锁，其任务要求如下：

1) 用 4×3 矩阵式键盘组成 0~9 数字键、确认键及删除键，用 8 位数码管组成显示电路，给出提示信息。

2) 当输入密码时，只显示

a) 安防室外主机　　　　　b) 保险箱
图 3-7　电子锁的应用

"—"，当密码位数输入完毕后，按下确认键时，对输入的密码与设定的密码进行比较，若密码正确，则锁开；若密码不正确，则禁止按键输入 3s，同时报警。

3.3.2 密码锁的硬件制作

1. 硬件电路图

密码锁的硬件部分由单片机最小系统、键盘输入电路、显示电路、报警电路及开锁电路组成，如图 3-8 所示。

单片机最小系统电路由 AT89S51 单片机及外围晶体振荡器电路、复位电路及下载电路组成；键盘输入电路由 4×3 矩阵式键盘构成，其行线和列线接入 P3 口，用于输入数字密码；显

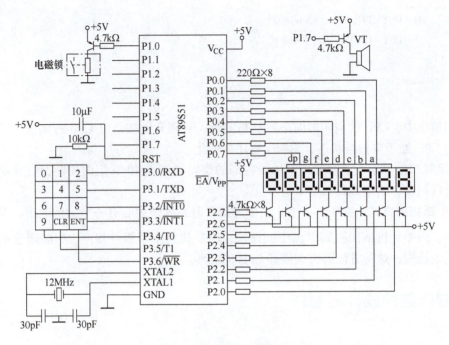

图 3-8　密码锁硬件电路

示电路由 8 位共阳极数码管构成动态扫描电路，显示输入密码的状态。上电初始化后，显示器会显示"PE"，等待按键输入。每按下一次键盘上的数字键，在显示器上就会显示一个"—"，每输入一位数字，显示器上的"—"就会依次左移一位，当密码输入完成时，按下确认键，如果密码正确，则显示器熄灭 5s，且电磁锁打开；如果密码不正确或输入超过 6 位，则显示器熄灭，发出报警声；如果按下"CLR"键，则显示器中的"—"会依次右移。

报警电路与开锁电路类似，都是由单片机 P1 口输出引脚经晶体管放大后控制蜂鸣器或电磁锁线圈工作。

在硬件电路图设计完成后，就可利用 Protel 软件设计硬件电路图并进行印制电路板制板了。此电路也可采用万能板制作，显示电路和键盘电路应尽量采用成品，显示电路可选用两个四位一体的数码管，驱动部分可采用 74LS06、74LS07 等集成元器件代替晶体管进行动态扫描显示电路的驱动，以减少焊接工作量。

2. 焊接硬件电路

将电路板制好后，准备好元器件及焊接测试用工具（电烙铁、焊锡丝、松香、吸锡器、斜口钳、镊子及万用表）后，即可制作硬件电路。元器件清单见表 3-1。

表 3-1　元器件清单

序号	元器件名称	规格	数量
1	51 单片机最小系统		1 套
2	限流电阻	220Ω 电阻	8 个
3	晶体管驱动电阻	4.7kΩ 电阻	10 个
4	PNP 型晶体管	9012	10 个

项目3 键盘电路及应用

(续)

序 号	元器件名称	规 格	数 量
5	七段 LED 数码管	四位一体共阳极	2个
6	按钮	四爪微型轻触开关	13个
7	蜂鸣器	电磁式蜂鸣器	1个
8	电磁锁	户内	1个

认识并准备元器件，根据图 3-8 焊接硬件电路，使用万用表测量四位一体共阳极数码管及晶体管各引脚的功能，以免接错。

3. 测试硬件电路

密码锁电路可按以下步骤进行硬件测试：

1）测试最小系统电路工作是否正常。

2）测量 LED 数码管动态显示电路接线是否正确，注意测量所选数码管的类型及引脚。利用简单的动态扫描程序测试 LED 数码管工作是否正常，如显示全"0"。

3）测试键盘工作是否正常。可编写简单的键盘扫描程序及显示程序测试键盘的工作状态，观察键值与按键位置的关系，调整键盘扫描程序中的相关部分，将其作为设计密码锁软件中键盘扫描的子程序用。

4）测试蜂鸣器驱动电路及电磁锁驱动电路。可先将电路脱离单片机 I/O 口独立测试，再编写简单程序控制蜂鸣器发声或电磁锁动作。

3.3.3 密码锁的软件设计

1. 蜂鸣器及控制程序

蜂鸣器是一种一体化结构的电子讯响器，广泛应用于计算机、打印机、复印机、报警器及电话机等电子产品中作为发声器件，其外形如图 3-9 所示。

图 3-9 蜂鸣器外形

蜂鸣器主要分为电磁式蜂鸣器和压电式蜂鸣器两种。

电磁式蜂鸣器由振荡器、电磁线圈、磁铁、振动膜片及外壳等组成。接通电源后，振荡器产生的音频电流通过电磁线圈，使电磁线圈产生磁场，振动膜片在电磁线圈和磁铁的相互作用下，周期性振动发声。

压电式蜂鸣器主要由多谐振荡器、压电蜂鸣片、阻抗匹配器、共鸣箱及外壳等组成。多谐振荡器由晶体管或集成电路构成，当接通电源后（1.5~15V 直流工作电压），多谐振荡器起振，输出 1.5~2.5kHz 的音频信号，阻抗匹配器推动压电蜂鸣片发声。

蜂鸣器的发声原理是电流通过电磁线圈，使电磁线圈产生磁场来驱动振动膜片发声，因此需要一定的电流才能驱动它。单片机 I/O 引脚输出的电流较小，其输出的 TTL 电平基本上驱动不了蜂鸣器，因此需要增加一个电流放大电路，如图 3-8 所示。当 P1.7 输出高电平时，晶体管 VT 截止，没有电流流过电磁线圈，蜂鸣器不发声；当 P1.7 输出低电平时，晶体管导通，蜂鸣器的电流形成回路，发出声音。因此，可以通过程序控制 P1.7 的电平来控制蜂鸣器发声。在程序中改变单片机 P1.7 脚输出波形的频率，就可以调整控制蜂鸣器的音调，从而产生各种不同音色、音调的声音。另外，改变 P1.7 输出的高低电平占空比，则可以控制蜂鸣器的声音大小。

2. 密码锁的设计思路及参考程序

密码锁程序由主函数、键盘扫描函数、报警函数及开锁函数等部分组成，主程序流程如图 3-10 所示。在程序设计中，键盘扫描及键值处理是非常重要的，密码输入的数值，主要是通过这两段程序进行处理，当将键值正确地输入单片机后，所需做的就是比较并判断密码是否正确以做出处理。当出现密码输入错误或其他错误的输入状态时，应发出报警信号。密码锁的参考程序如下。

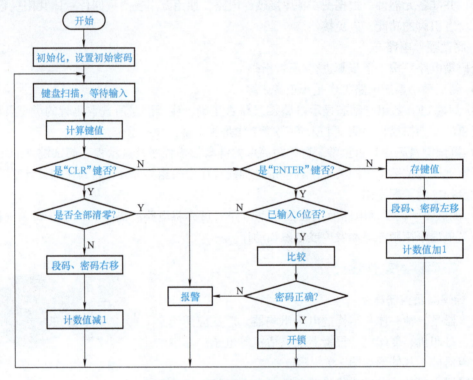

图 3-10　密码锁主程序流程图

```
#include <reg52.h>
sbit P1_0 = P1^0;
sbit P1_7 = P1^7;
unsigned char led_tab [8] = {0xFF, 0xFF, 0xFF, 0xFF, 0xFF, 0xFF, 0x86, 0x8C};
                                                    //显示段码
unsigned char code led_pos[8] = {0xFE, 0xFD, 0xFB, 0xF7, 0xEF, 0xDF, 0xBF, 0x7F};
                                                    //显示位码
unsigned char key[6] = {1, 2, 3, 4, 5, 6};          //初始密码
unsigned char in_key[6] = {0, 0, 0, 0, 0, 0};       //输入密码存储区
unsigned char key_num;
//1ms 延时函数
void delay_nms(unsigned int n)
```

项目3 键盘电路及应用

```c
{
    unsigned int i, j;
    for (i=0; i<n; i++)
        for (j<0; j<123; j++);
}

//报警函数
void beep(void)
{
    unsigned char i;
    for(i=0; i<200; i++)
    {
        P1_7 = ~P1_7;
        delay_nms(50);
    }
}

//开锁函数
void open(void)
{
    unsigned char i;
    P1_0 =0;
    for(i=0; i<200; i++)
        delay_nms(1000);
    P1_0 =1;
}
//显示
void display(void)
{
    unsigned char i;
    for(i=0; i<8; i++)
    {
        P0 =0xFF;
        P2 = led_pos[i];
        P0 = led_tab[i];
        delay_nms(2);
    }
}

//4×3 矩阵键盘扫描函数
unsigned char key_scan(void)
{
    unsigned char temp;
```

```c
    P3 = 0xF0;                    //高4位输入，低4位输出0
    delay_nms (1);
    temp = P3^0xF0;
    switch (temp)
    {
        case 0x10: key_num = 0; break;
        case 0x20: key_num = 1; break;
        case 0x40: key_num = 2; break;
        default: break;
    }
    P3 = 0x0F;
    delay_nms (1);
    temp = P3^0x0F;
    switch (temp)
    {
        case 0x01: key_num += 0; break;
        case 0x02: key_num += 3; break;
        case 0x04: key_num += 6; break;
        case 0x08: key_num += 9;
    }
    return (key_num);
}

//密码左移
void shiftl (void)
{
    led_tab [5] = led_tab [4];
    led_tab [4] = led_tab [3];
    led_tab [3] = led_tab [2];
    led_tab [2] = led_tab [1];
    led_tab [1] = led_tab [0];
    led_tab [0] = 0xBF;
}

//密码右移
void shiftr (void)
{
    led_tab[0] = led_tab[1];
    led_tab[1] = led_tab[2];
    led_tab[2] = led_tab[3];
    led_tab[3] = led_tab[4];
```

```
            led_tab[4] = led_tab[5];
            led_tab[5] = 0xFF;
}

//主程序
int main (void)
{
    unsigned char key_cnt = 0;
    P1_0 = 1;                           //关电磁锁
    while (1)
    {
       display ( );
       P3 = 0xF0;
       if (P3! = 0xF0)
       {
         key_num = key_scan ( );
         if (key_num == 0x0A)           //是否为清除键
         {
           if (key_cnt == 0)
           {
             P0 = 0xFF;
             beep ( );
           }
           else
           {
             shiftr ( );
             key_cnt --;
           }
             while (P3! = 0x0F)         //等待按键抬起
             {
                 display ( );
             }
         }
         else if (key_num == 0x0B)      //是否为确认键
         {
            while (P3! = 0x0F)          //等待按键抬起
            {
              display ( );
            }
if((in_key[0] == key[0])&&(in_key[1] == key[1])&&(in_key[2] == key[2])&&(in_key[3] ==
key[3])&&(in_key[4] == key[4])&&(in_key[5] == key[5]))
            {
```

```
                P0 = 0xFF;
                open(  );
                led_tab[0] = 0xFF;
                led_tab[1] = 0xFF;
                led_tab[2] = 0xFF;
                led_tab[3] = 0xFF;
                led_tab[4] = 0xFF;
                led_tab[5] = 0xFF;
                led_tab[6] = 0x86;
                led_tab[7] = 0x8C;
                key_cnt = 0;
            }
            else
            {
                P0 = 0xFF;
                beep(  );
                led_tab[0] = 0xFF;
                led_tab[1] = 0xFF;
                led_tab[2] = 0xFF;
                led_tab[3] = 0xFF;
                led_tab[4] = 0xFF;
                led_tab[5] = 0xFF;
                led_tab[6] = 0x86;
                led_tab[7] = 0x8C;
                key_cnt = 0;
            }
        }
        else            //数字键
        {
            if(key_cnt == 6)
            {
                P0 = 0xFF;
                beep(  );
                led_tab[0] = 0xFF;
                led_tab[1] = 0xFF;
                led_tab[2] = 0xFF;
                led_tab[3] = 0xFF;
                led_tab[4] = 0xFF;
                led_tab[5] = 0xFF;
                led_tab[6] = 0x86;
                led_tab[7] = 0x8C;
```

```
                    key_cnt = 0;
                }
                else
                {
                    shiftl (  );
                    in_key [key_cnt] = key_num;
                    key_cnt ++ ;
                }
                while (P3! = 0x0F)              //等待按键抬起
                {
                    display (  );
                }
            }
        }
    }
    return 0;
}
```

3.3.4 密码锁的系统调试

1. 密码锁的编译与调试

（1）密码锁程序的编译　在 Keil μVision4 软件中新建工程文件并命名为"ElectricLock"，输入密码锁 C51 源程序，以"ElectricLock.c"为文件名存盘。单击编译图标，即可生成"ElectricLock.hex"文件。

（2）密码锁程序 Proteus 仿真

1）在 Proteus 仿真环境下画出密码锁电路图。密码锁硬件电路所需元器件见表 3-2。为了能观察电磁锁动作的情况，用 LED 发光二极管模拟电磁锁线圈的动作状态。按图 3-8 画出硬件接线图，可省略时钟电路、复位电路、数码管驱动电路及电磁锁驱动电路等。密码锁仿真电路图如图 3-11 所示。共阳极数码管直接与单片机相连时，位码由原来的低电平驱动改为高电平驱动，在仿真时，必须修改密码锁参考程序中的位码控制。

表 3-2　密码锁硬件电路所需元器件

元器件名	类	子类	参数	备注
AT89C51	Microprocessor ICs	8051 Family		代替 AT89S51
RES	Resistors	Generic	220Ω	限流电阻
LED—YELLOW	Optoelectronics	LEDs		代替电磁锁
7SEG—MPX8—CA—BLUE	Optoelectronics	7—Segment Displays		八位一体共阳极数码管
BUTTON	Switches & Relays	Switches		12 个
SOUNDER	Speakers & Sounders			报警

2）设置 Keil μVision4 及 Proteus 中的相关参数。为了方便调试，Proteus 软件提供了与

Keil μVision4 软件联机调试的工具。下面介绍 Proteus 软件与 Keil μVision4 软件联机调试的方法。

  首先安装 Proteus 软件安装包中的 Keil 驱动程序。然后选择 Proteus 的 "Debug" → 的 "Use Remote Debug Monitor" 菜单命令，如图 3-12 所示。同时在 Keil μVision4 的属性设置对话框的 "Debug" 选项卡中，选择 "Use" 下拉列表中的 "Proteus VSM Simulator"，如图 3-13 所示。

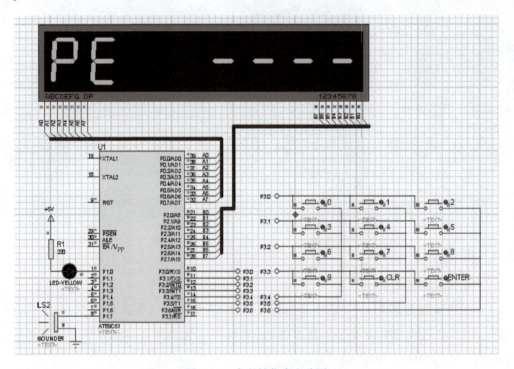

图 3-11 密码锁仿真电路图

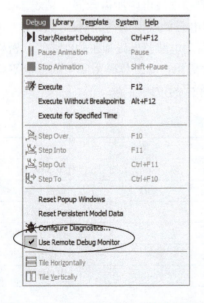

图 3-12 Proteus 的 "tools" 菜单设置

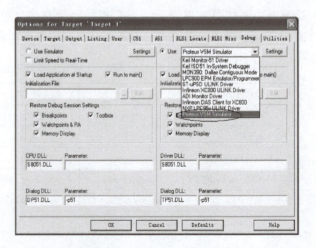

图 3-13 Keil 中的设置

3）联机仿真调试。在 Proteus 中打开已经画好的密码锁仿真电路原理图，同时进入 Keil μVision4 仿真调试软件，打开密码锁源程序，单击工具栏上的"开始/停止调试"图标，就可以进入调试状态了。此时，可通过单击 Keil μVision4 的调试工具栏的不同工具按钮及仿真界面上的键盘按钮，观察密码锁的工作状态，仿真片段如图 3-14 所示。

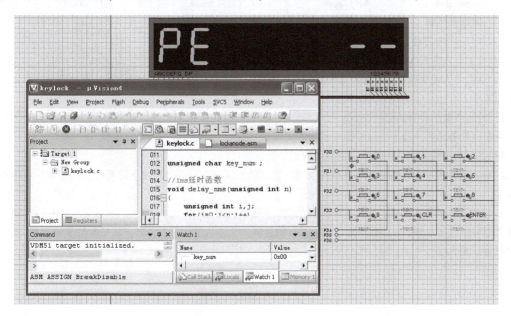

图 3-14　密码锁仿真片段

2. 硬件联机调试并下载程序

将已调试成功的密码锁程序通过 ISP 下载线下载到硬件电路板上的单片机中，然后将下载线拔出，接通电源，观察结果。

若下载不成功，则需检查单片机最小系统中的时钟电路和复位电路工作是否正常。

3.3.5　改进与提高

进一步完善密码锁的功能，改进以下几点：

1）使用液晶屏显示密码锁的工作状态。初始状态显示"Please input password：",输入密码以"*"显示，正确则开锁，错误则显示"ERROR！Please try again."。

2）密码可重新设定。输入新密码时，需要两次确认。

习　　题

一、填空题

1. 键盘可分为＿＿＿＿式键盘和＿＿＿＿式键盘两类。
2. 用并行口扩展一个有 32 个按键的矩阵式键盘，最少需要＿＿＿＿根 I/O 线。
3. 键盘消抖的方法主要有＿＿＿＿和＿＿＿＿两种方法。
4. 矩阵式键盘的按键识别方法有＿＿＿＿和＿＿＿＿两种方法。

二、选择题

1. 按键的机械抖动时间参数通常是（　　）。

(A) 0　　　　　　　(B) 5～10μs　　　　　(C) 5～10ms　　　　(D) 1s 以上

2. 某应用系统需要扩展 10 个按键，采用（　　）接法比较合理。

(A) 矩阵式键盘　　　(B) 独立式键盘　　　(C) 静态键盘　　　(D) 动态键盘

3. 在 switch 语句中使用（　　）语句，可以退出 switch 语句，从而执行后面的程序。

(A) continue　　　　(B) goto　　　　　　(C) break　　　　　(D) else

三、编程应用题

1. 设计一个抢答器，要求如下：

1）有 1 个主持人和 8 个参赛队。

2）当主持人按下抢答按键时，参赛队在 10s 内可以抢答，超过 10s 则不能抢答。若抢答成功，则显示抢答的队号。

3）抢答成功的参赛队必须在 60s 内回答完毕。若超过时间则抢答无效，且显示无效指示。若在 60s 内回答完毕（抢答队再次按下抢答按键表示回答完成），则抢答正确成功，且显示有效。

4）当主持人按下复位按键时，系统回到初始状态。

2. 修改秒表的程序，按键第一次被按下时，启动秒表计时，第二次被按下时暂停计时，第三次被按下时清零。

3. 设计一个简易计算器，采用 4×4 键盘，16 个键依次对应 0～9、+、-、×、÷、= 和清零键。简易计算器可以进行小于 255 的数的加、减、乘、除运算，当输入值大于 255 时，则显示器显示全 F，按下清零键可重新输入。

项目 4 中断与定时/计数器的应用

本项目通过设计与制作音乐播放器的工作任务，详细介绍了单片机的内部资源中断系统和定时/计数器的基本知识、相关控制寄存器的设置及程序设计方法。

知识目标	技能目标
1）了解单片机如何控制声音 2）了解单片机中的中断系统和定时/计数器基本知识 3）掌握中断系统和定时/计数器相关寄存器的设置 4）掌握中断系统和定时/计数器的程序设计	1）掌握中断系统的编程调试方法 2）掌握定时/计数器的编程调试方法

4.1 AT89S51 单片机的中断系统

4.1.1 中断的基本概念

在计算机执行程序的过程中，当出现某种情况后，由服务对象向 CPU 发出请求当前程序中断的信号，要求 CPU 暂时停止当前程序的执行，而转去执行相应的处理程序，待处理程序执行完毕后，再返回继续执行原来被中断的程序，这样的过程称为中断过程。把引起中断的原因或触发中断请求的来源称为中断源。为实现中断而设置的各种硬件和软件称为中断系统。

在单片机控制系统中采用中断技术，具有以下优点：

1）实行分时操作，提高 CPU 的效率。当服务对象向 CPU 发出中断请求时，才使 CPU 转向为该对象服务，无中断请求时不会影响 CPU 的正常工作。因此，利用中断可以使 CPU 同时为多个对象服务，从而大大提高了整个单片机系统的工作效率。

2）实现实时处理，及时处理实时信息。在工业现场控制中，常常要求单片机系统对信号进行实时处理。利用中断技术，各服务对象可以根据需要随时向 CPU 发出中断请求，CPU 及时检测并处理各对象的控制要求，以实现实时控制。

3）对难以预料的情况或故障及时进行处理。在单片机系统的工作过程中，有时会出现一些难以预料的情况或故障，如电源掉电、运算溢出及传输错误等，此时可利用中断进行相应的处理而不必停机。

中断的处理过程主要包括中断请求、中断响应、中断服务和中断返回 4 个阶段，如图 4-1 所示。

首先由中断源发出中断请求信号，CPU 在运行主程序的同时，不断地检测是否有中断请求产生，在检测到有中断请求信号后，决定是否响应中断。当 CPU 满足条件响应中断后，进入中断服务程序，为申请中断的对象服务。当服务对象的任务完成后，CPU 重新返回到原来的程序中继续工作。这就是中断处理的全过程。

由于中断请求发生的时候是随机的,因此在响应中断后,必须保存主程序断开点的地址(即当前的 PC 值),以保证在中断服务任务结束后能重新回到主程序的断开点。保存主程序断开点 PC 值的操作称为保护断点,重新恢复主程序断开点地址的操作称为恢复断点。保护断点和恢复断点的操作是由中断系统在中断响应和中断返回过程中利用堆栈区自动完成的。

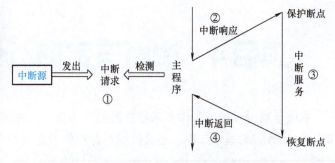

图 4-1 中断处理过程

由中断的处理过程可以看出,中断过程与子程序的操作很相似。只不过子程序操作是由调用指令产生的,而中断操作是由中断请求信号引发的。

AT89S51 单片机的中断系统结构如图 4-2 所示。它由中断源($\overline{INT0}$、$\overline{INT1}$、T0、T1 和 RXD/TXD)及中断标志位(位于 TCON、SCON 中)、中断允许控制寄存器 IE 和中断优先级控制寄存器 IP 及中断入口地址组成,可对每个中断源实现两级允许控制及两级优先级控制。

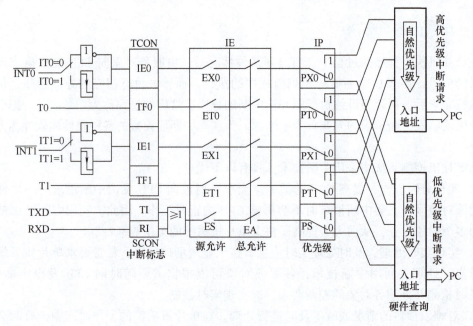

图 4-2 AT89S51 单片机的中断系统结构

4.1.2 中断源与中断请求标志

1. 中断源

AT89S51 单片机有 5 个中断源:两个外部中断源 $\overline{INT0}$、$\overline{INT1}$,两个内部定时/计数器溢出中断 T0、T1,一个内部串行口接收/发送中断 RXD/TXD。

外部中断源 $\overline{INT0}$、$\overline{INT1}$ 由 AT89S51 单片机的外围引脚 P3.2、P3.3 引入中断请求信号,

当 P3.2、P3.3 输入低电平或下降沿信号时，即向 CPU 发出中断请求。当两个内部定时/计数器出现定时时间到或计数值满时，向 CPU 发出中断请求。串行口在工作过程中，每完成一次数据发送或接收时，就会向 CPU 请求中断，串行口的发送和接收中断是共用的，只占一个中断源。

2. 中断请求标志

在中断请求信号发出后，必须在相应的存储单元中设定标志，以便 CPU 及时查询并做出响应。与中断请求标志相关的寄存器有 TCON 和 SCON 两个特殊功能寄存器，其中对应于各中断源的标志位见表 4-1。

表 4-1 AT89S51 单片机的中断源

中断源	中断请求标志位	中断入口地址	自然优先级
外部中断 0（$\overline{INT0}$）	IE0	0003H	最高级
定时/计数器溢出中断 T0	TF0	000BH	
外部中断 1（$\overline{INT1}$）	IE1	0013H	↓
定时/计数器溢出中断 T1	TF1	001BH	
串行口接收/发送中断	RI、TI	0023H	最低级

（1）TCON 中的中断标志 特殊功能寄存器 TCON 既是用于定时/计数器控制的寄存器，也是用于中断标志及中断控制的寄存器，其中分布了与外部中断及定时/计数器相关的中断请求标志位。其格式如下：

TCON（88H）	8FH	8EH	8DH	8CH	8BH	8AH	89H	88H
	TF1	TR1	TF0	TR0	IE1	IT1	IE0	IT0

1）TF1 和 TF0：分别为定时/计数器 1 和定时/计数器 0 的溢出中断标志位。当定时/计数器计数值满产生溢出时，由硬件自动置 1，并向 CPU 申请中断。该标志位一直保持到 CPU 响应中断后，由硬件自动清 0。这两位也可作为程序查询的标志位，在查询方式下该标志位应由软件清 0。

2）IE1 和 IE0：分别为外部中断 1 和外部中断 0 的中断请求标志位。当外部中断源发出中断请求时，由硬件自动置 1，并向 CPU 申请中断。该标志位一直保持到 CPU 响应中断后，由硬件自动清 0。

3）IT1 和 IT0：分别为外部中断 1 和外部中断 0 的触发方式控制位。当 ITi 设为 0 时，为低电平触发方式；当 ITi 设为 1 时，为下降沿触发方式。

4）TR1 和 TR0：分别为定时/计数器 T1 和定时/计数器 T0 的启动/停止控制位，与中断无关。

TCON 中的各位均可按位操作。

（2）SCON 中的中断标志 特殊功能寄存器 SCON 是用于串行口控制的寄存器。其中最低两位为串行口的中断请求标志位。其格式如下：

SCON（98H）	9FH	9EH	9DH	9CH	9BH	9AH	99H	98H
	SM0	SM1	SM2	REN	TB8	RB8	TI	RI

TI 和 RI 为串行口发送/接收中断标志位。当 AT89S51 单片机的串行口发送/接收完一帧数据后,由硬件自动将 TI/RI 置 1,向 CPU 请求中断。当 CPU 响应串行口中断后,不能由硬件自动清除中断标志,必须在中断服务程序中用 "TI = 0" 或 "RI = 0" 对中断标志清 0。

SCON 中的其他位均与串行口的控制相关。详细说明见 5.2.1 节。

4.1.3 中断控制

对 AT89S51 单片机的中断控制包括中断允许控制和中断优先级控制两个方面,分别由特殊功能寄存器 IE 和 IP 实现。它们的功能及控制方法分述如下。

1. 中断允许控制寄存器 IE

中断允许控制寄存器 IE 用于对构成中断的双方进行两级控制,即控制是否允许中断源中断及是否允许 CPU 响应中断。其格式如下:

IE (A8H)	AFH	AEH	ADH	ACH	ABH	AAH	A9H	A8H
	EA	—	—	ES	ET1	EX1	ET0	EX0

1) EA:CPU 中断开放标志位。当 EA = 0 时,CPU 禁止响应所有中断源的中断请求;当 EA = 1 时,CPU 允许开放中断,此时每个中断源是否开放由各中断控制位决定。所以只有当 EA = 1 时,各中断控制位才有意义,因此 EA 又称为 "中断总允许控制位"。

2) ES:串行口中断允许控制位。若 ES = 1,则允许串行口中断,否则禁止中断。

3) ET1:定时/计数器 1 中断允许控制位。若 ET1 = 1,则允许定时/计数器 T1 中断,否则禁止中断。

4) EX1:外部中断 1 中断允许控制位。若 EX1 = 1,则允许外部中断 1 中断,否则禁止中断。

5) ET0:定时/计数器 0 中断允许控制位。若 ET0 = 1,则允许定时/计数器 0 中断,否则禁止中断。

6) EX0:外部中断 0 中断允许控制位。若 EX0 = 1,则允许外部中断 0 中断,否则禁止中断。

【例 4-1】 假设在 P3.2 ($\overline{INT0}$) 引脚上引入一个外部中断,采用下降沿触发方式,禁止其他中断,试设置相关的控制寄存器值。

分析:采用下降沿触发方式只需将 TCON 中的 IT0 置 1;要允许外部中断 0 中断,可将 IE 中的 EA 和 EX0 置 1。程序如下:

用字节操作指令	用位操作指令
TCON = 0x01	IT0 = 1
IE = 0x81	EA = 1
	EX0 = 1

2. 中断的优先级控制寄存器 IP

AT89S51 单片机可以设置两个优先级——高优先级和低优先级。每个中断源优先级的设定由 IP 的各控制位决定。IP 的格式如下:

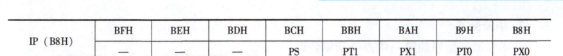

IP（B8H）	BFH	BEH	BDH	BCH	BBH	BAH	B9H	B8H
	—	—	—	PS	PT1	PX1	PT0	PX0

1）PS：串行口优先级控制位。当 PS = 1 时，串行口为高优先级；否则为低优先级。

2）PT1：定时/计数器 1 优先级控制位。当 PT1 = 1 时，T1 为高优先级；否则为低优先级。

3）PX1：外部中断 1 优先级控制位。当 PX1 = 1 时，外部中断 1 为高优先级；否则为低优先级。

4）PT0：定时/计数器 0 优先级控制位。当 PT0 = 1 时，T0 为高优先级；否则为低优先级。

5）PX0：外部中断 0 优先级控制位。当 PX0 = 1 时，外部中断 0 为高优先级；否则为低优先级。

在 AT89S51 单片机中对中断的控制遵循以下原则：

1）当 CPU 同时接收几个不同优先级的中断请求时，先响应高优先级中断，后响应低优先级中断。

2）当高优先级的中断正在响应时，不能被其他中断打断。

3）当低优先级的中断正在响应时，可以被高优先级的中断打断，但不能被与它同级的其他中断打断。当 CPU 响应低优先级中断时，被打断而转去响应高优先级中断的现象称为中断嵌套。

4）当几个同级的中断源同时发出中断请求时，CPU 将通过内部硬件电路按自然优先级顺序依次响应，其优先级顺序见表 4-1。

【例 4-2】 某单片机应用系统将定时/计数器 0 和串行口设置为高优先级的中断，试分析中断系统中各中断源的中断优先级顺序（由高到低）。

分析：定时/计数器 0 和串行口同属于高优先级中断，它们又是同级的，因此这两个中断源的优先级顺序为 T0→串行口。外部中断 0、外部中断 1 和定时/计数器 1 同属于低优先级中断，它们又是同级的，因此这 3 个中断源的优先级顺序为外部中断 0→外部中断 1→T1。因此可得出各中断优先级的顺序由高到低依次为：T0→串行口→外部中断 0→外部中断 1→T1。

4.1.4 中断响应

1. 中断的响应条件

1）有中断源发出中断请求。

2）中断总允许位 EA = 1，即 CPU 开放中断；且申请中断的中断源对应的中断允许控制位为 1，即没有被屏蔽。

3）没有更高级或同级的中断正在处理中。

4）执行完当前指令。

2. 中断响应的过程

如果中断响应条件满足，则 CPU 将响应中断。在此情况下，CPU 首先使被响应中断的相应"优先激活"触发器置位，以阻断同级或低级中断。然后，根据中断源的类别，在硬件的控制下进入各中断服务程序。单片机中各中断源的入口地址见表 4-1。中断响应的过程如图 4-3 所示。

3. 中断处理

从中断服务程序的第一条指令开始到返回为止，这个过程称为中断处理或中断服务。不同的中断服务的内容及要求各不相同，其处理过程也就有所区别。一般情况下，中断处理包括三部分：一是保护现场；二是中断服务；三是恢复现场。

通常，在中断服务程序的开头，首先要保存 PSW、工作寄存器及特殊功能寄存器等在中断服务程序中可能用到的寄存器的内容，这称为保护现场。同时在中断服务结束之前应恢复这些寄存器的内容，称其为恢复现场。

中断服务则是针对中断源的具体要求设计的专门程序。在编写中断服务程序时应注意以下几点：

1）若要在执行当前中断程序时屏蔽更高优先级的中断，应先编程关闭 CPU 中断，或关闭更高优先级中断源的中断，然后在中断返回前再次开放中断。

2）在保护现场和恢复现场时，为了不使现场信息受到破坏或造成混乱，应先关 CPU 中断，使 CPU 暂时不响应新的中断请求，然后进行保护现场和恢复现场的操作，在保护现场和恢复现场后再开放中断。

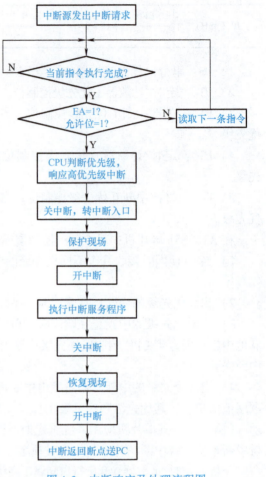

图 4-3　中断响应及处理流程图

4. 中断请求的撤销

在 CPU 响应某中断请求后，中断返回之前，该中断请求应该及时撤销，否则会重复引起中断而发生错误。AT89S51 单片机的各中断请求撤销的方法各不相同，现分别介绍如下。

（1）硬件清零　定时/计数器 0 和定时/计数器 1 的溢出中断标志位 TF0、TF1 及采用下降沿触发方式的外部中断 0 及外部中断 1 的中断请求标志位 IE0、IE1 可以由硬件自动清零。

（2）软件清零　串行口发出的中断请求，在 CPU 响应后，硬件不能自动清除 TI 和 RI 标志位，因此 CPU 响应中断后，必须在中断服务程序中用软件来清除相应的中断标志位，以撤销中断请求。

（3）强制清零　当外部中断采用低电平触发方式时，仅仅依靠硬件清除中断标志位 IE0、IE1，并不能彻底清除中断请求标志。因为尽管在 AT89S51 单片机内部已将中断标志位清除，但外围引脚$\overline{INT0}$、$\overline{INT1}$上的低电平不清除，在下一次采样中断请求信号时，又会重新将 IE0、IE1 置 1，从而引起误中断。这种情况必须进行强制清零。

图 4-4 所示为一种清除中断请求的电路方案。将外部中断请求信号加在 D 触发器的时钟输入端，当有中断请求信号产生低电平时，在 D 触发器的时钟输入端会产生一个上升沿，

将 D 端的状态输出到 Q 端，形成一个有效的中断请求信号送入$\overline{INT1}$引脚。当 CPU 响应中断后，利用"P1.7 = 0"指令在 P1.7 引脚输出低电平至 D 触发器的置位端，将 Q 端直接置 1，从而清除外部中断请求信号。

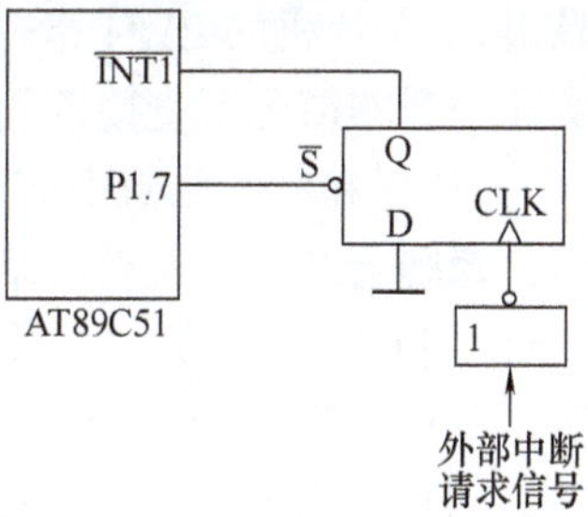

图 4-4 低电平触发的外部中断请求清除电路

4.1.5 中断程序设计

中断程序由中断控制程序与中断服务程序两部分组成。中断控制程序用于实现对中断的控制，常作为主程序的一部分和主程序一起运行。中断控制程序设计就是对中断的初始化操作。主要包括以下几点：

1）定义中断允许及中断优先级控制，即设置 IE 和 IP 的值。

2）定义外部中断的触发方式，选择是低电平触发还是下降沿触发。

中断服务程序用于完成中断源所要求的各种操作，常放在中断函数中，仅在发生中断时才会执行。

C51 编译器支持在 C 源程序中直接开发中断程序。中断服务程序是一个按规定语法格式定义的函数。

中断服务程序的函数定义格式如下：

```
返回值  函数名([参数])  interrupt  m[using n]
       {
       }
```

"interrupt m"是 C51 函数中非常重要的一个修饰符，是中断函数与其他函数区别的标志。在 C51 程序设计中，如果函数定义时使用"interrupt m"修饰符，则在系统编译时，会把对应的函数转化为中断函数，自动加上程序头段和尾段，并按 MCS-51 系统中断的处理方式自动把它安排在程序存储器中的相应位置。

在该修饰符中，m 的取值为 0~31，对应的中断情况如下：

0——外部中断 0

1——定时/计数器 T0

2——外部中断 1

3——定时/计数器 T1

4——串行口中断

5——定时/计数器 T2

其他值预留。

编写 51 中断函数应注意如下问题：

1）中断函数不能进行参数传递，中断函数中包含任何参数声明都将导致编译出错。

2）中断函数没有返回值，如果企图定义一个返回值将得不到正确的结果，建议在定义中断函数时将其定义为 void 类型，以明确说明没有返回值。

3）在任何情况下都不能直接调用中断函数，否则会产生编译错误。因为中断函数的返回是由 51 单片机的 RETI 指令完成的，RETI 指令影响 51 单片机的硬件中断系统。如果在没有实际中断的情况下直接调用中断函数，RETI 指令的操作结果将会产生一个致命的错误。

4）如果在中断函数中调用了其他函数，则被调用函数所使用的寄存器必须与中断函数相同，否则会产生不正确的结果。

5）用 C51 编译器对中断函数编译时会自动在程序开始和结束处加上相应的内容，具体如下：在程序开始处对 ACC、B、DPH、DPL 和 PSW 入栈，结束时出栈。中断函数未加"using n"修饰符的，开始时还要将 R0 ~ R1 入栈，结束时出栈。若中断函数加"using n"修饰符，则在开始将 PSW 入栈后还要修改 PSW 中的工作寄存器组选择位。

6）C51 编译器从绝对地址 8m + 3 处产生一个中断向量，其中 m 为中断号，即 interrupt 后面的数字。该向量包含一个到中断函数入口地址的绝对跳转。

7）中断函数最好写在文件的尾部，并且禁止使用 extern 存储类型说明，以防止其他程序调用。

"using n"选项用于实现工作寄存器组的切换，n 是中断服务子程序中选用的工作寄存器组号（0 ~ 3）。在许多情况下，响应中断时需保护有关现场信息，以便中断返回后能使中断前的源程序从断点处继续正确地执行下去。这在 51 单片机中，能很方便地利用工作寄存器组的切换来实现，即在进入中断服务程序前的程序中使用一组工作寄存器，进入中断服务程序后，由"using n"切换到另一组寄存器，中断返回后又恢复到原寄存器组。这样互相切换的两组寄存器中的内容彼此都没有被破坏。

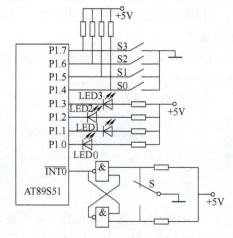

图 4-5　中断应用实例

【例 4-3】　如图 4-5 所示，将 P1 端口的 P1.4 ~ P1.7 作为输入，P1.0 ~ P1.3 作为输出。要求将开关 S0 ~ S3 的状态读入单片机，并通过 P1.0 ~ P1.3 输出，驱动发光二极管点亮。现要求采用下降沿触发方式，每中断一次，完成一次读/写操作。

编程思路：外部中断请求从 INT0 输入，并采用硬件消抖电路。当开关 S 闭合时，发出中断请求信号。当 CPU 响应中断后，将 P1.4 ~ P1.7 口线所对应的开关状态读入，并通过 P1.0 ~ P1.3 输出低电平，使相应的发光二极管点亮。

```
#include <reg51.h>

//外部中断 0 函数
void INT_0( ) interrupt 0
{
    unsigned char state;
    EX0 = 0;
    P1 = 0xFF;
    state = P1&0xF0;
    P1 = state >> 4;
```

```
            EX0 = 1;
    }

    //主程序
    main( )
    {
            EA = 1;
            IT0 = 1;
            EX0 = 1;
            P1 = 0xFF;
            while (1);
    }
```

4.2 AT89S51 单片机的定时/计数器

4.2.1 定时/计数器的结构

AT89S51 单片机内部有两个定时/计数器,即 T0 和 T1。每个定时/计数器都可以实现定时和计数功能,其结构框图如图 4-6 所示。定时/计数器 Ti（i = 0 或 1）的基本部件是两个 8 位寄存器 THi 及 TLi 组合的 16 位加 1 计数器,用于对定时或计数脉冲进行加法计数。

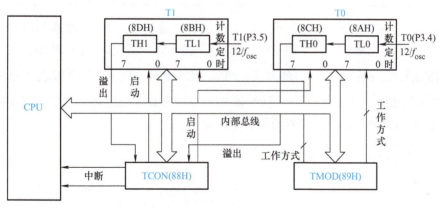

图 4-6 定时/计数器结构框图

加 1 计数器所输入的计数脉冲有两个来源：一个是由系统时钟振荡器经 12 分频所产生的内部时钟；另一个是由 T0 或 T1 引脚输入的外部脉冲源,每来一个脉冲,计数器加 1,当 16 位计数器加到全 1 时,再输入一个脉冲就使计数器归零,同时计数器产生溢出使 TCON 寄存器中的 TFi 置 1,向 CPU 发出信号。由此可见,由溢出时计数器的值减去计数初值才是加 1 计数器的计数值。

当计数脉冲来自内部时钟脉冲时,即机器周期（$12/f_{osc}$）,此时作为定时器使用,定时时间为计数值 N 乘以机器周期。

当计数脉冲来自外部引脚 T0/T1 上的输入脉冲时,作为计数器使用。如果在第一个机器周期检测到 T0/T1 引脚的脉冲信号为 1,第二个机器周期检测到 T0/T1 引脚的脉冲信号为 0,即出现从高电平到低电平的跳变时,计数器加 1。由于检测到一次负跳变需要两个机器周期,所以最高的外部计数脉冲的频率不能超过时钟频率的 1/24,并且要求外部计数脉冲的高电平和低电平的持续时间不能小于两个机器周期。若晶体振荡器的频率为 12MHz,则最高计数频率不超过 1/2MHz,即计数脉冲的周期要大于 2μs。

定时器工作时通常需要设置两个与定时器相关的控制寄存器:用于设置定时/计数器工作方式的寄存器 TMOD 及用于控制定时/计数器启动和停止的寄存器 TCON。

4.2.2 定时/计数器的控制

定时/计数器的功能、工作方式及定时/计数初值等控制与 TMOD、TCON、TH1/TH0 和 TL1/TL0 等特殊功能寄存器相关。其中,TH1/TH0、TL1/TL0 用于存放定时/计数器的初值。这里主要介绍定时/计数器方式控制寄存器 TMOD 和定时/计数器控制寄存器 TCON 的设置方法。

1. 定时/计数器方式控制寄存器 TMOD

定时/计数器方式控制寄存器 TMOD 用于控制和选择定时/计数器的工作方式,高 4 位控制 T1,低 4 位控制 T0,不能采用位寻址方式。其格式如下:

TMOD (89H)	D7	D6	D5	D4	D3	D2	D1	D0
	GATE	$C/\overline{T}$	M1	M0	GATE	$C/\overline{T}$	M1	M0

1) GATE:门控位,用来指定外部中断请求是否参与对定时/计数器的启动控制。当 GATE=0 时,只要 TCON 寄存器中的 TRi 位为 1,就可以启动定时/计数器 Ti,与外部中断输入信号 $\overline{INTi}$ 无关,是一种内部启动方式;当 GATE=1 时,则只有当 TRi 为 1 且外部中断输入信号 $\overline{INTi}$ 为 1 时,才能启动定时/计数器 Ti。这种方式可以实现外部信号对定时器的启动控制。定时/计数器内部控制逻辑图如图 4-7 所示。

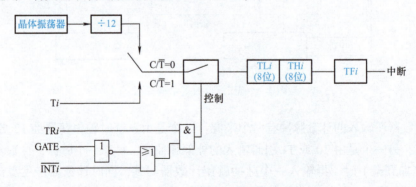

图 4-7 定时/计数器内部控制逻辑图

2) $C/\overline{T}$:定时/计数方式选择位。$C/\overline{T}=0$,为定时方式;$C/\overline{T}=1$,为计数方式。

3) M1、M0:工作方式选择位。用以选择定时/计数器的工作方式,见表 4-2。

项目4 中断与定时/计数器的应用

表 4-2 定时/计数器的工作方式

M1 M0	方式	说　　明
0　0	方式 0	TLi 的低 5 位与 THi 的 8 位构成 13 位计数器
0　1	方式 1	TLi 的 8 位与 THi 的 8 位构成 16 位计数器
1　0	方式 2	具有自动重装初值功能的 8 位计数器
1　1	方式 3	T0 分成两个独立的计数器,T1 可工作在方式 0 ~ 方式 2

例如,设置 T0 工作于定时方式,内部启动,操作方式为方式 2;设置 T1 工作于计数方式,外部启动,操作方式为方式 0。则设定工作方式的程序如下:

TMOD = 0xC2

2. 定时/计数器控制寄存器 TCON

定时/计数器控制寄存器 TCON 既参与定时控制又参与中断控制。其格式如下:

TCON（88H）	8FH	8EH	8DH	8CH	8BH	8AH	89H	88H
	TF1	TR1	TF0	TR0	IE1	IT1	IE0	IT0

与定时/计数器控制相关的有定时器溢出中断请求标志位 TF1/TF0 及定时器启动停止控制位 TR1/TR0,与中断控制相关的有外部中断请求标志位 IE1/ IE0 及外部中断触发方式控制位 IT1/ IT0。

当 TF1/TF0 位置 1 时,表示定时器有溢出中断请求;当 TF1/TF0 位清 0 时,表示定时器无溢出中断请求。

将 TR1/TR0 位置 1 时,启动定时器工作;将 TR1/TR0 位清 0 时,停止定时器工作。

4.2.3 定时/计数器的工作方式

定时/计数器有 4 种工作方式,在每种工作方式下,内部计数器的位数及功能有所不同。

(1) 方式 0　当 TMOD 中的 M1M0 = 00 时,定时/计数器工作在方式 0。此时,定时/计数器内部的计数器为 13 位计数器。由 THi 提供高 8 位,TLi 提供低 5 位。若在 THi 和 TLi 中设置好计数初值,启动定时/计数器就可以进行加法计数。当 TLi 低 5 位计数满时直接向 THi 进位,当 13 位内部计数器计数满溢出时,定时/计数器溢出中断请求标志位 TFi 置 1。此时内部计数器的最大计数值为 2^{13} = 8192。

(2) 方式 1　当 TMOD 中的 M1M0 = 01 时,定时/计数器工作在方式 1。此时,定时/计数器内部的计数器为 16 位计数器。由 THi 提供高 8 位,TLi 提供低 8 位。在 THi 和 TLi 中设置好计数初值,启动定时/计数器就可以进行加法计数。当 16 位内部计数器计数满溢出时,定时/计数器溢出中断请求标志位 TFi 置 1。此时内部计数器的最大计数值为 2^{16} = 65536。

(3) 方式 2　当 TMOD 中的 M1M0 = 10 时,定时/计数器工作在方式 2。此时,定时/计数器内部的计数器为自动重装初值的 8 位计数器。两个 8 位计数器 THi 和 TLi 中的 TLi 作为加法计数器,THi 作为预置常数寄存器。当 TLi 计数满溢出时,将中断请求标志位 TFi 置 1,同时将 THi 中的计数初值以硬件方法自动装入 TLi。此时内部计数器的最大计数值为 2^8 = 256。

(4) 方式 3　当 TMOD 中的 M1M0 = 11 时,定时/计数器工作在方式 3。此时定时/计数器 T0 可拆成两个独立的 8 位定时/计数器使用，T1 不变。当 T0 工作在方式 3 下，T0、T1 的设置和使用方法是不同的。

定时/计数器 T0 中的两个 8 位定时/计数器 TH0、TL0 拆分为两个独立的定时/计数器后，TL0 所对应的定时/计数器使用 T0 原有的控制资源，使用 TR0 控制启停，TF0 作为溢出标志。TH0 所对应的定时/计数器只能作为 8 位定时器用，借用 T1 的资源 TR1、TF1。

T0 工作在方式 3 时的定时/计数值计算与方式 2 相同。

T1 仍然可工作于方式 0 ~ 方式 2 下，只是由于其 TR1、TF1 被 T0 的 TH0 占用，因而没有计数溢出标志可供使用，不能用于中断场合，通常用作串行口波特率发生器。

4.2.4 定时/计数器初值的计算

初值的计算方法如下：

1）若作为定时器使用，假设定时时间为 Δt，时钟频率为 f_{osc}，定时/计数器内部的计数器位数为 n，则有

$$\text{定时计数初值} = 2^n - \frac{\Delta t}{12} \times f_{osc}$$

2）若作为计数器使用，假设计数值为 C，定时/计数器内部的计数器位数为 n，则

$$\text{计数初值} = 2^n - C$$

【例 4-4】 设晶体振荡器的频率为 12MHz，T0 工作在方式 1，要求定时时间为 50ms，则装入 TH0 和 TL0 的定时计数初值为多少？

根据上述公式，有

$$\text{定时计数初值} = 2^n - \frac{\Delta t}{12} \times f_{osc} = 2^{16} - \frac{50 \times 10^{-3}}{12} \times 12 \times 10^6 = 65536 - 50000 = 15536 = 3CB0H$$

则装入 TH0 的初值为 3CH，装入 TL0 的初值为 0B0H。

4.2.5 定时/计数器的程序设计

1. 定时/计数器的初始化编程

AT89S51 单片机是通过对其内部的寄存器 TMOD、TCON、THi 和 TLi 进行设置来控制定时/计数器工作的，这就需要对定时/计数器进行初始化编程。初始化编程主要包括以下几方面的内容。

1）设定定时/计数器的工作方式控制字，并将其写入 TMOD 中。

2）确定定时/计数器的初值，并将其写入 THi、TLi 中。当定时/计数器工作在除方式 2 以外的其他方式下，且采用中断编程方式时，在中断服务程序中必须重置内部计数器初值，以保证定时/计数值不变。

3）将寄存器 TCON 中的 TRi 置位，启动定时/计数器 Ti。

4）若采用中断方式编写定时/计数器的程序，则需进行中断允许控制寄存器 IE 及中断优先级控制寄存器 IP 的相关设置。

2. 定时/计数器编程应用实例

【例 4-5】 设 AT89S51 单片机的晶体振荡器频率 f_{osc} = 12MHz，要求由 T0 产生 1ms 的定时并使 P1.7 输出周期为 2ms 的方波。

编程思路：将 P1.7 口线每隔 1ms 反相一次，即可输出周期为 2ms 的方波。首先应编程使定时器产生 1ms 的定时，设 T0 工作在方式 0，工作方式控制字为 00H，此时内部计数器为 13 位，则

$$计数初值 = 2^{13} - \frac{1 \times 10^{-3}}{12} \times 12 \times 10^6 = 8192 - 1000 = 7192 = 1110000011000B$$

将高 8 位送入 TH0，低 5 位送入 TL0，即（TH0）=0E0H，（TL0）=18H。然后，启动定时/计数器。对定时/计数器的编程可采用查询方式和中断方式两种，参考程序如下。

（1）查询方式编程　若采用查询方式，TF0 置位后不会自动复位，故应采用软件方法将其复位。

```c
#include <reg51.h>

sbit P1_7 = P1^7;

//主程序
main( )
{
    TMOD = 0x00;              //设定定时/计数器工作在方式 0，定时
    TH0 = 0xE0;               //设置初值
    TL0 = 0x18;
    TR0 = 1;                  //启动定时/计数器
    while(1)
    {
        if(TF0 == 1)
        {
            TF0 = 0;
            P1_7 = ~ P1_7;    //产生方波信号
            TH0 = 0xE0;       //重装初值
            TL0 = 0x18;
        }
    }
}
```

（2）中断方式编程

```c
#include <reg51.h>
sbit P1_7 = P1^7;
//定时器 T0 中断函数
void timer0( ) interrupt 1
{
    TH0 = 0xE0;
    TL0 = 0x18;
    P1_7 = ~ P1_7;
}
```

```c
//主程序
main(  )
{
    TMOD = 0x00;
    EA = 1;
    ET0 = 1;
    TH0 = 0xE0;
    TL0 = 0x18;
    TR0 = 1;
    while (1);
}
```

【例4-6】 T1采用方式2计数,要求每计满10次,将P1.0取反。

编程思路:T1采用计数方式时,是对外部计数信号输入端P3.5(T1)输入的脉冲进行计数,每产生一次下降沿,计数器加1。设置T1的工作方式控制字为60H。设置其计数初值 $= 2^8 - 10 = 246 = F6H$,将其送入TH1和TL1中。采用查询方式编程。

参考程序如下:

```c
#include <reg52.h>

sbit P1_0 = P1^0;

//主程序
main(  )
{
    TMOD = 0x60;           //T1 工作在方式2,计数
    TH1 = 0xF6;            //设置计数初值
    TL1 = 0xF6;
    TR1 = 1;               //启动定时/计数器
    while(1)
    {
        if(TF1==1)
        {
            TF1=0;
            P1_0 = ~P1_0;
        }
    }
}
```

【例4-7】 利用单片机的P1.0口实现PWM控制程序。

编程思路:AT89S51单片机无PWM输出功能,可以采用延时程序或定时器配合软件的方法输出。电路如图4-8所示。

(1) 延时程序PWM控制 利用对延时程序设定值的改变,实现高电平及低电平持续时间的控制。设PWM周期为20ms,高电平时间为5ms(f_{osc} =12MHz),参考程序如下:

项目4　中断与定时/计数器的应用

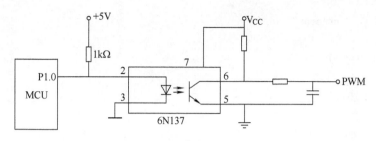

图 4-8　AT89S51 单片机构成的 PWM 输出电路

```
#include <reg51.h>

sbit P1_0 = P1^0;

//延时 0.1ms 函数
void delayms(unsigned int n)
{
    unsigned int i, j;
    for(i = 0; i < n; i++)
    {
        for(j = 0; j < 12; j++);
    }
}

//主函数
main( )
{
    while(1)
    {
        P1_0 = 1;
        delayms(50);
        P1_0 = 0;
        delayms(150);
    }
}
```

（2）定时器 PWM 控制　利用对定时器初值的设置，实现高电平及低电平持续时间的控制，设 PWM 周期为 200μs，高电平时间为 50μs（$f_{osc} = 12\text{MHz}$），参考程序如下。

```
#include <reg51.h>

sbit P1_0 = P1^0;

//T1 中断函数
```

105

```
void timer1（  ）interrupt 3
{
    if（P1_0 == 1）
    {
        P1_0 = 0;
        TH1 = 106;
        TL1 = 106;
    }
    else
    {
        P1_0 = 1;
        TH1 = 206;
        TL1 = 206;
    }
}

//主函数
main（ ）
{
    TMOD = 0x20;
    EA = 1;
    ET1 = 1;
    TH1 = 206;
    TL1 = 206;
    TR1 = 1;
    while（1）;
}
```

相关知识点　　PWM 控制技术

PWM（Pulse Width Modulation，脉宽调制）是单片机常用的模拟量输出方法，通过外接转换电路，可以将不同占空比的脉冲变成与之对应的电压。PWM 波形如图 4-9 所示。

PWM 控制技术常用于直流电动机的调速控制中。图 4-10 所示为一种由达林顿管组成的 H 型 PWM 电路。用单片机控制达林顿管并使之工作在占空比可调的开关状态，可以精确调整电动机的转速。由于这种电路工作在管子的饱和截止模式下，故效率非常高。利用这种方式进行调速，具有调速性能优良、平滑性好及调速范围大的优势，因此 PWM 控制技术已成为一种广泛采用的调速技术。

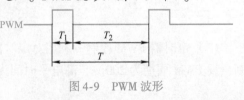

图 4-9　PWM 波形

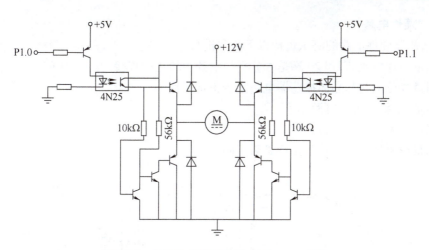

图 4-10　由达林顿管组成的 H 型 PWM 电路

4.3　音乐播放器的设计与制作

4.3.1　工作任务

要想让单片机控制的音乐播放器播放音乐，首先必须了解音乐的基本组成。音乐主要是由音符和节拍决定的，音符对应于不同频率的声波，而节拍表达的是声音持续的时间。

通过控制单片机内部定时/计数器产生不同频率的脉冲信号，经放大电路放大后，由扬声器发出不同的音符，就可以产生美妙的乐曲。

利用单片机控制的音乐播放器可应用于 MP3、MP4 和语音提示器等很多方面，并可作为其他系统的辅助功能。音乐播放器和语音提示器实物如图 4-11 所示。

本任务是利用单片机、电阻、晶体管及蜂鸣器等元器件制作可以播放单音的音乐播放器。

图 4-11　音乐播放器和语音提示器实物

4.3.2　音乐播放器的硬件制作

1. 硬件电路图

音乐播放器的硬件电路如图 4-12 所示。通常，AT89S51 单片机的输出端口不足以驱动蜂鸣器，可加一级晶体管放大电路，其他部分与单片机最小系统相同。

2. 焊接硬件电路

准备好元器件及焊接测试用工具（电烙铁、焊锡丝、松香、吸锡器、斜口钳、镊子及万用表）后，即可制作硬件电路。元器件清单见表 4-3。

识别并准备元器件，根据图 4-12 焊接硬件电路，注意测量晶体管各管脚，以免接错。

3. 测试硬件电路

音乐播放器硬件电路的测试可按以下步骤进行：

1）测量单片机 40 脚和 20 脚是否分别与电源和地正确连接。
2）测量复位电路和晶体振荡器电路是否正常工作。
3）测量 31 脚是否与电源相连。
4）测量下载口接线是否正确。
5）测量扬声器放大电路的接线是否正确。

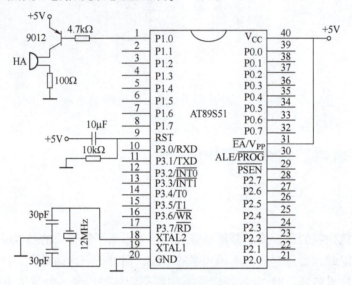

图 4-12　音乐播放器硬件电路

表 4-3　元器件清单

序　号	元器件名称	规　　格	数　量
1	51 单片机最小系统		1 套
2	放大电路电阻	100Ω、4.7kΩ 电阻	各 1 个
3	晶体管	9012 或 8550	1 个
4	小扬声器（或蜂鸣器）	0.25W，8Ω	1 个

4.3.3　音乐播放器的软件设计

1. 音频信号的产生方法

要想产生音频脉冲，只要算出某一音频脉冲高电平或低电平持续的时间即可。通常认为音频脉冲信号为方波，故应算出音频脉冲半周期的时间，利用定时器对这个半周期计时，每当计时时间到时，就将输出 I/O 口线反相，不断重复，就可得到此音频脉冲。

例如，要产生中音的 DO，其频率为 523Hz，周期为 1/523s，即 1912μs，取半周期为 956μs，若晶体振荡器频率为 12MHz，则要让定时器计数 956 次，在每计满 956 次时，就将 I/O 口线反相。

若设置定时器工作在方式 1，则计数初值 = 65536 - 956 = 64580 = FC44H。

按此计算方法，可逐一计算出 C 调各音符频率与计数初值的关系，见表 4-4。

项目4 中断与定时/计数器的应用

表 4-4　C 调各音符频率与计数初值的关系

音符	频率/Hz	半周期/μs	计数初值	音符	频率/Hz	半周期/μs	计数初值
1̣	262	1908	F88CH	3	660	758	FD0AH
2̣	294	1701	F95BH	4	698	716	FD34H
3̣	330	1515	FA15H	5	784	638	FD82H
4̣	349	1433	FA67H	6	880	568	FDC8H
5̣	392	1276	FB04H	7	988	506	FE06H
6̣	440	1136	FB90H	1̇	1046	478	FE22H
7̣	494	1012	FC0CH	2̇	1175	426	FE56H
1	523	956	FC44H	3̇	1318	379	FE85H
2	588	850	FCAEH	4̇	1397	358	FE9AH

2. 节拍的产生方法

通过控制定时器定时时间的不同可以产生不同频率的方波，用于驱动扬声器发出不同的音符，再利用软件延时来控制发音时间的长短，即可产生节拍。

这里假设一拍是 0.8s，设计一个 200ms 的延时函数 D200，则一拍需循环调用 D200 延时函数 4 次，同理，半拍就需调用 2 次，1/4 拍就需调用 1 次。

3. 乐曲库的建立

由于歌曲的音符和节拍都是随乐谱变化的，因此必须将这些歌曲中的音符和相应的节拍变换成定时器计数初值和节拍对应的延时常数，作为数据表格存放在存储器中。由程序查表得到定时器计数初值和调用延时函数的次数，分别用以控制定时器产生方波的频率和发出该频率方波的持续时间。当延时时间到时，再查下一个音符的定时常数和延时常数。依次进行下去。

表格中三字节为一组，前两个字节用来存放定时器计数初值，后一个字节用来存放延时常数，乐谱中的休止符用 00H 代替，结束符用 FFH 代替。

4. 程序设计

利用单片机驱动扬声器发出歌曲《新年好》的一段音乐。以下是歌曲《新年好》的一段简谱：1 = C 1115 ｜ 3331 ｜ 1355 ｜ 432 - ｜。

本设计利用 T1 以方式 1 工作，产生各音符对应频率的方波，由 P1.0 输出驱动扬声器发音，节拍控制通过调用延时函数 D200（延时 200ms）的次数来实现。由主程序进行乐谱的音符及节拍的查表控制，由 T1 中断函数产生音频信号，驱动 P1.0 输出控制扬声器发音。

参考程序如下：

```
#include <reg51.h>

#define uchar unsigned char
#define uint unsigned int

sbit P1_0 = P1^0;
uint i, H, L;
```

```c
uchar code musicTAB [ ] = {0xFC, 0x44, 0x02, 0xFC, 0x44, 0x02, 0xFC, 0x44, 0x04,
                           0xFB, 0x04, 0x04, 0xFD, 0x0A, 0x02, 0xFD, 0x0A, 0x02,
                           0xFD, 0x0A, 0x04, 0xFC, 0x44, 0x04, 0xFC, 0x44, 0x02,
                           0xFD, 0x0A, 0x02, 0xFD, 0x82, 0x04, 0xFD, 0x82, 0x04,
                           0xFD, 0x34, 0x02, 0xFD, 0x0A, 0x02, 0xFC, 0xAE, 0x04,
                           0x00, 0x00, 0x04} ;
//200ms 延时函数
void delay (uint ms)
{
    uint j = 0;
    while (ms --)
    {
        for (j = 0; j < 12000; j ++);
    }
}
//定时器中断函数
void timer1 ( ) interrupt 3
{
    TH1 = H;
    TL1 = L;
    P1_0 = ~ P1_0;
}
//主程序
main ( )
{
    TMOD = 0x10;
    EA = 1;
    ET1 = 1;
    TR1 = 1;
    while (1)
    {
      for (i = 0; i <= 47; i = i + 3)
      {
        H = musicTAB [i];              //查音符码
        L = musicTAB [i + 1];
        if ( (H | L) == 0)             //是否为休止符
        {
            TR1 = 0;
        }
        delay (musicTAB [i + 2]);      //查节拍码
        TR1 = 1;
      }
    }
}
```

4.3.4 音乐播放器的系统调试

1. 音乐播放器的编译与调试

（1）音乐播放器程序的编译　在 Keil μVision4 软件中新建工程文件并命名为"Music"，输入音乐播放器 C51 源程序，以"Music.c"为文件名存盘。单击编译图标，即可生成"Music.hex"文件。

（2）音乐播放器 Proteus 仿真

1）在 Proteus 仿真环境下画出音乐播放器电路图。音乐播放器硬件电路所需元器件见表 4-5。按图 4-12 作出仿真电路图，如图 4-13 所示。

表 4-5　音乐播放器硬件电路所需元器件

元器件名	类	子类	参数	备注
AT89C51	Microprocessor ICs	8051 Family		代替 AT89S51
RES	Resistors	Generic	4.7kΩ	基极电阻
RES	Resistors	Generic	100Ω	集电极电阻
PNP	Transistors	Generic		放大用
SPEAKER	Speakers & Sounders		0.25W	

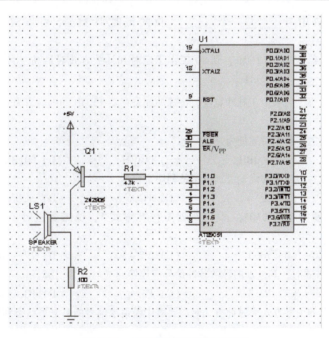

图 4-13　音乐播放器仿真电路图

2）将 Music.hex 文件加入 Proteus 中，进行虚拟仿真。双击 AT89C51 单片机芯片，可打开元件编辑对话框，选取目标代码文件"Music.hex"。在"Clock Frequency"栏中设置时钟频率为 12MHz，在 Proteus 仿真界面中的仿真工具栏中单击按钮，启动全速仿真。用计算机的音箱或利用耳机收听调试过程中发出的声音。

2. 联机调试并下载程序

将已调试成功的音乐播放器程序通过 ISP 下载线下载到硬件电路板上的单片机中，将下载线拔出，接通电源，观察结果。

若下载不成功，则需检查单片机最小系统中的时钟电路和复位电路是否工作正常。

4.3.5 改进与提高

进一步完善音乐播放器的功能，改进以下几点：
1）可通过"+""-"两个按键选取 9 首不同的乐曲。
2）可通过 LED 数码管显示所选乐曲的编号。

习　　题

一、填空题

1. AT89S51 单片机共有 5 个中断源，分别为 _____、_____、_____、_____ 和 _____。

2. 中断请求信号有 _____ 触发和 _____ 触发两种触发方式。

3. 单片机上电复位时，同级中断的优先级从高至低为 _____、_____、_____、_____ 和 _____，若 IP = 00010100B，优先级最高者为 _____、最低者为 _____。

4. AT89S51 单片机中有 _____ 个 _____ 位的定时/计数器，可以被设定的工作方式有 _____ 种。

5. 若系统晶体振荡器频率为 12MHz，则 T0 工作于定时和计数方式时最高（计数）信号频率分别为 _____ kHz 和 _____ kHz。

6. 要想测量 $\overline{INT0}$ 引脚上的一个正脉冲宽度，特殊功能寄存器 TMOD 的内容应为 _____。

二、选择题

1. 外部中断 1 对应的中断入口地址为（　　）。
　(A) 0003H　　　(B) 000BH　　　(C) 0013H　　　(D) 001BH

2. AT89S51 单片机各中断源的优先级别设定是利用寄存器（　　）。
　(A) IE　　　　(B) IP　　　　(C) TCON　　　(D) SCON

3. 若单片机的振荡频率为 6MHz，设定时器工作在方式 1，现需要定时 1ms，则定时器初值应为（　　）。
　(A) 500　　　(B) 1000　　　(C) $2^{16}-500$　　　(D) $2^{16}-1000$

4. T1 工作在计数方式时，其外加的计数脉冲信号应连接到（　　）引脚。
　(A) P3.2　　　(B) P3.3　　　(C) P3.4　　　(D) P3.5

5. 当外部中断请求的信号方式为脉冲方式时，要求中断请求信号的高电平状态和低电平状态都应至少维持（　　）。
　(A) 1 个机器周期　(B) 2 个机器周期　(C) 4 个机器周期　(D) 10 个时钟周期

6. AT89S51 单片机同一优先级的中断源同时申请中断时，CPU 首先响应（　　）。
　(A) 外部中断 0　(B) 外部中断 1　(C) T0 中断　　(D) T1 中断

7. 若定时/计数器工作在循环定时或循环计数的场合，应选用（　　）。
　(A) 方式 0　　　(B) 方式 1　　　(C) 方式 2　　　(D) 方式 3

8. AT89S51 单片机外部中断 1 的中断请求标志是（   ）。
（A）ET1　　　　　（B）TF1　　　　　（C）IT1　　　　　（D）IE1

三、简答与编程题

1. 设单片机的 $f_{osc}=12\text{MHz}$，要求定时/计数器的定时时间为 30ms，试对定时/计数器进行初始化编程。

2. 已知 AT89S51 单片机的 $f_{osc}=6\text{MHz}$，利用 T0 编程实现 P1.0 端口输出矩形波。要求：矩形波高电平宽度为 50μs，低电平宽度为 300μs。

3. 编程实现利用两个定时/计数器串联实现 1s 的时钟基准信号。试画出必要的电路部分，并写出程序。设晶体振荡器频率为 12MHz，用 LED 显示秒信号。

4. 用一个定时/计数器加软件计数器的方式，编程实现 1s 的时钟基准信号。

5. 用外部中断或定时/计数器统计按钮按下的次数（100 以内），并将统计结果显示到数码管上。

6. 利用定时/计数器及中断重新设计项目 2 中的秒表程序。

7. 利用 4×4 矩阵式键盘设计一台 16 音电子琴。

项目 5　串行通信的应用

本项目通过设计与制作单片机双机通信系统的工作任务，详细介绍了通信的基础知识、单片机串行口的使用方法及常用串行接口。

知识目标	技能目标
1）了解通信的基本概念 2）掌握51单片机串行口的结构及控制寄存器的设置 3）掌握单片机串行通信的编程方法	1）掌握单片机双机通信线路的连接方法 2）掌握串行口的调试方法

5.1　串行通信基础

若干个数据处理设备（计算机主机、外部设备）之间的信息交换称为数据通信。计算机与外设之间的数据通信有两种不同的方式，即并行通信和串行通信。

并行通信是指数据的各位同时传送，每一位数据都需要一条传输线，如图5-1a所示。对于单片机，一次传送一个字节的数据，因而需要8根数据线。这种通信方式只适合于短距离的数据传输。它的特点是传输速率快，但传输线较多。

串行通信是指数据的各位分时传送，只需要一根数据线。对于一个字节的数据，至少要分8次传送，如图5-1b所示。可见，串行通信比并行通信的数据传输速率要低。随着现代通信技术的发展，串行通信已能达到很高的传输速率，完全能满足一般数据通信对传输速率的要求。串行通信可大大节省传输线路成本，而且能进行远距离的数据传输。

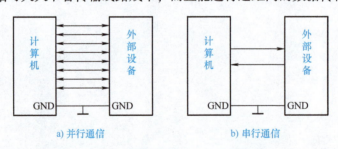

a）并行通信　　　　　　　　　b）串行通信

图5-1　并行通信和串行通信示意图

下面介绍串行通信中的相关概念。

1. 异步通信和同步通信

串行通信根据传送方式的不同又分为异步通信和同步通信。

（1）异步通信　异步通信的特点是数据以字符为单位传送，在每一个字符数据的传送过程中都要加进一些识别信息位和校验位，构成一帧字符信息（或称为字符格式）。在发送信息时，信息位的同步时钟（即发送一个信息位的定时信号）并不发送到线路上去，在数据的发送端和接收端各自有独立的时钟源。

异步通信的一帧数据格式由 4 部分组成：起始位、数据位、奇偶校验位和停止位，如图 5-2 所示。

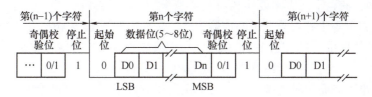

图 5-2　异步通信帧格式

1）起始位：按照串行通信协议的规定，当通信双方不进行数据传输时，线路呈逻辑"1"状态。当发送端需要发送字符时，首先发送一个起始位，即将线路置成逻辑"0"状态，起始位长度占 1 位。

2）数据位：数据位紧跟在起始位之后，数据位可以为 5~8 位，通常使用 7 位或 8 位数据位。在数据位传送时，低位（LSB）在前，高位（MSB）在后。

3）奇偶校验位：在数据位之后，便是一个奇偶校验位。它是根据通信双方采用何种校验方式（奇校验或偶校验）的约定而加入的。目前专用于串行通信的 IC 芯片大多采用这种校验方式。在传输过程中，CPU 可以根据此标志进行纠错处理。

4）停止位：它用来表示一个字符数据的结束，用逻辑"1"表示。停止位长度可以是 1 位、1.5 位或 2 位。

停止位之后紧接着可以是下一个字符的起始位，也可以是若干个空闲位（逻辑"1"），若干个空闲位意味着线路处于等待状态。

（2）同步通信　同步通信是以数据块的方式传输数据的。通常在面向字符的同步传输中，其帧结构（或称为帧格式）由 3 部分组成：由若干字符组成的数据块，在数据块前加上 1~2 个同步字符 SYN，在数据块的后部根据需要加入若干个校验字符 CRC（循环冗余校验）。同步通信的帧格式如图 5-3 所示。

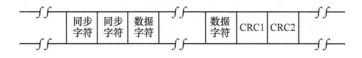

图 5-3　同步通信帧格式

同步通信方式的同步由每个数据块前面的同步字符实现。同步字符的格式和数量可以根据需要约定。在接收端检测到同步字符之后，便确认有效数据字符的传送开始。

与异步通信不同的是，同步通信方式需要提供单独的时钟信号，且要求接收器时钟和发送器时钟严格保持同步。为此，在硬件电路上采取了一些复杂的措施来加以保证。

2. 波特率

串行通信的数据传输速率是用波特率来表示的。波特率定义为每秒钟传送二进制数的位数。在异步通信中，波特率为每秒传送的字符数与每个字符位数的乘积。假如每秒传送 120 个字符，而每个字符按上述规定包含 10 位（起始位、校验位、停止位各 1 位，数据位 7

位），则波特率为

$$120\ 字符/s \times 10\text{bit}/字符 = 1200\text{bit/s}$$

波特率越高，数据传输的速度越快，一般异步通信的波特率为 50~9600bit/s。

关于波特率，有以下两点需要注意：

1）波特率并不等于有效数据位的传输速率。例如，对于 10 位帧格式的数据传输，其中只有 7 位是有效数据位，3 位是识别信息位，所以有效数据位的传输速率是

$$120\ 字符/s \times 7\text{bit}/字符 = 840\text{bit/s}$$

2）波特率也不等同于时钟频率。通常采用高于波特率若干位的时钟频率（16 或 64 倍）对一位数据进行检测，以防止传输线路上可能出现短时间的脉冲干扰，从而保证对数据信号的正确接收。

3. 串行通信的数据传输方式

在串行通信中，按通信双方数据传输的方向，可分为单工（Simplex）、半双工（Half Duplex）和全双工（Full Duplex）3 种方式，如图 5-4 所示。

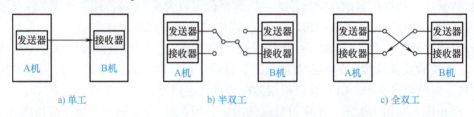

图 5-4　串行通信数据传输方式

单工是指两个通信设备中一个只能作为发送器使用、另一个只能作为接收器使用，数据传送是单方向的，如图 5-4a 所示。

半双工是指两个通信设备中都有一个发送器和一个接收器，相互可以发送和接收数据，但不能同时在两个方向上传送，即每次只能有一个发送器和一个接收器工作，如图 5-4b 所示。

全双工是指两个通信设备可以同时发送和接收数据，数据传送可以同时在两个方向进行，如图 5-4c 所示。尽管许多串行通信接口电路具有全双工功能，但在实际应用中，大多数情况只工作于半双工方式下，因为这种用法比较简单、实用。

5.2　AT89S51 单片机的串行口

5.2.1　串行口的结构及相关寄存器

AT89S51 单片机的串行口是一个可编程全双工的通信接口，具有通用异步接收器和发送器 UART（Universal Asynchronous Receiver/Transmitter）的全部功能，能同时进行数据的发送和接收，也可作为同步移位寄存器使用。

AT89S51 单片机的串行口主要由两个独立的串行口数据缓冲寄存器 SBUF（一个发送缓冲寄存器、一个接收缓冲寄存器）、串行口控制寄存器、输入移位寄存器及若干控制门电路组成。其基本结构框图如图 5-5 所示。

项目5 串行通信的应用

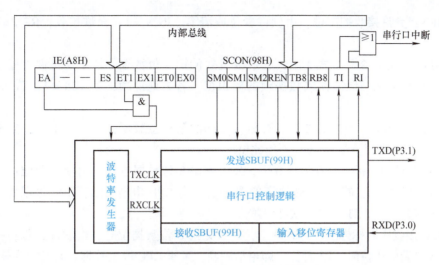

图 5-5 AT89S51 串行口的基本结构框图

1. 串行口数据缓冲寄存器 SBUF

AT89S51 单片机可以通过特殊功能寄存器 SBUF 的读写操作，实现对串行接收或串行发送寄存器的访问，串行接收和串行发送寄存器在串行口内部是两个独立的存储单元，共用同一个地址 99H。当执行写操作时，访问串行发送寄存器；当执行读操作时，访问串行接收寄存器。串行接收器具有双缓冲结构，即在从接收寄存器中读出前一个已收到的字节之前，便能接收第二个字节。如果第二个字节已经接收完毕，第一个字节还没有读出，则将丢失其中一个字节，编程时应引起注意。对于发送器，因为数据是由 CPU 控制发送的，所以不需要双缓冲。

2. 串行口控制寄存器 SCON

AT89S51 单片机的串行口工作方式的设定、接收与发送控制的设置都是通过对串行口控制寄存器 SCON 的编程确定的。SCON 各位的作用定义如下：

SCON（98H）	9FH	9EH	9DH	9CH	9BH	9AH	99H	98H
	SM0	SM1	SM2	REN	TB8	RB8	TI	RI

1）SM0、SM1：串行口工作方式选择位，工作方式选择见表 5-1。

表 5-1 串行口工作方式的选择

SM0	SM1	方式	功　　能	波特率	SM0	SM1	方式	功　　能	波特率
0	0	0	同步移位寄存器	$f_{osc}/12$	1	0	2	11 位 UART	$f_{osc}/64$ 或 $f_{osc}/32$
0	1	1	10 位 UART	可变	1	1	3	11 位 UART	可变

注：f_{osc} 是晶体振荡器的频率。

2）SM2：多机通信控制位。在方式 0 下，SM2 应为 0。在方式 1 下，如果 SM2 = 0，则只有收到有效的停止位时才会激活 RI。在方式 2 和方式 3 下，如果 SM2 = 1，则只有在收到的第 9 位数据为 1 时，RI 才被激活（RI = 1，申请中断，要求 CPU 取走数据）。

117

3) REN：允许接收控制位。由软件置位或清零。REN = 1，允许接收；REN = 0，禁止接收。

4) TB8：在方式 2 和方式 3 下，存放要发送的第 9 位数据，常用作奇偶校验位。在多机通信中，可作为区别地址帧或数据帧的标识位，若为地址帧，则 TB8 = 1；若为数据帧，则 TB8 = 0。

5) RB8：在方式 2 和方式 3 下，存放接收到的第 9 位数据；在方式 1 下，如 SM2 = 0，则该位为接收到的停止位；方式 0 不用此位。

6) TI：发送中断标志。在方式 0 下，发送完第 8 位数据位时，由硬件置位；在其他方式下，当开始发送停止位时，由硬件将 TI 置位，即向 CPU 申请中断，CPU 可以发送下一帧数据。在任何方式下，TI 必须由软件清零。

7) RI：接收中断标志。在方式 0 下，接收完第 8 位数据位时，由硬件置位；在其他方式下，当接收到停止位时，RI 置位，即申请中断，要求 CPU 取走数据。它必须由软件清零。

3. 电源控制寄存器 PCON

电源控制寄存器用于对单片机的电源进行控制，其中仅有一个标志位 SMOD 与串行口的控制相关。PCON 的单元地址为 87H，不可位寻址。各位的作用定义如下：

PCON (87H)	D7	D6	D5	D4	D3	D2	D1	D0
	SMOD	—	—	—	GF1	GF0	PD	IDL

1) SMOD：串行口波特率加倍位。当 SMOD = 1 时，波特率加倍；当 SMOD = 0 时，波特率不加倍。

2) GF0、GF1：通用标志位。

3) PD：掉电方式控制位。当 PD = 1 时，进入掉电方式。

4) IDL：空闲方式控制位。当 IDL = 1 时，进入空闲方式。

5.2.2　串行口的工作方式

通过对串行口控制寄存器 SCON 中 SM0、SM1 位的设置，可实现 4 种不同的工作方式。

1. 方式 0

此时串行口工作于同步移位寄存器方式，串行口相当于一个并入串出或串入并出的移位寄存器。数据从 RXD 输入或输出（低位在先，高位在后），TXD 输出同步移位时钟，其传输波特率是固定的，为 $f_{osc}/12$。发送过程从数据写入 SBUF 开始，当 8 位数据传送完毕后，TI 被置 1。接收时，必须先使 REN = 1、RI = 0，当 8 位数据接收完毕后，RI 会置 1，此时可将数据读入累加器。若要再次发送和接收数据，必须用软件将 TI、RI 清零。

这种方式常用于单片机外围接口电路的扩展，如用于静态显示中。

串行静态显示是利用 AT89S51 单片机的串行口向串入并出的移位寄存器发送字形码实现显示的，这种工作方式可以用最少的口线实现多位 LED 显示。常用的移位寄存器有 74LS164、CD4094 等。74LS164 的引脚排列如图 5-6 所示。其中，Q0 ~ Q7 为并行输出端，A、B 为串行输入端，CK 为时钟输入端，$\overline{CLR}$ 为清零端。

由 74LS164 构成的静态显示电路如图 5-7 所示。图中，74LS164 作为七段数码管的输出口，AT89S51 单片机的 P1.3 作为同步脉冲的输出控制线，P1.4 作为 74LS164 的清零控制端。

【例 5-1】 设单片机片内 RAM 中 50H 开始的 3 个单元依次存放着 3 位待显示的数字 0、1、2，试采用图 5-7 中的串行显示方式，将字符显示出来。

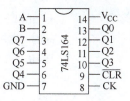

图 5-6　74LS164 引脚排列

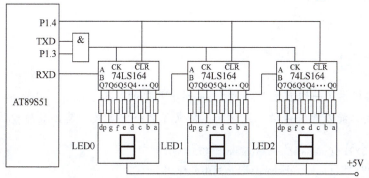

图 5-7　74LS164 构成的静态显示电路

参考程序如下：

```c
#include <reg52.h>
#include <absacc.h>
#define uchar unsigned char
#define uint unsigned int

sbit P1_3 = P1^3;
sbit P1_4 = P1^4;

uint j, i;
uchar code dis_tab[10] = {0xC0, 0xF9, 0xA4, 0xB0, 0x99,    //共阳极字形码
                          0x92, 0x82, 0xF8, 0x80, 0x90,};
//主程序
main( )
{
    DBYTE[0x50] = 0x00;                                    //赋显示初值
    DBYTE[0x51] = 0x01;
    DBYTE[0x52] = 0x02;
    P1_4 = 0;
    P1_3 = 1;
    P1_4 = 1;
    SCON = 0x00;
    for (i = 0; i <= 2; i++)
    {
        j = DBYTE[0x50 + i];
```

```
        do{SBUF = dis_tab[j];}
        while (TI ==0);                //是否发送完毕
        TI = 0;
    }
    while (1);                         //静止等待
}
```

相关知识点　绝对地址的访问

C51 编译器提供了一组宏定义来对 51 系列单片机的 code、data、pdata 和 xdata 空间进行绝对寻址。规定只能以无符号数方式访问，定义了 8 个宏定义，其函数原型如下：

```
#define   CBYTE((unsigned char volatile *)0x50000L)
#define   DBYTE((unsigned char volatile *)0x40000L)
#define   PBYTE((unsigned char volatile *)0x30000L)
#define   XBYTE((unsigned char volatile *)0x20000L)
#define   CWORD((unsigned int volatile *)0x50000L)
#define   DWORD((unsigned int volatile *)0x40000L)
#define   PWORD((unsigned int volatile *)0x30000L)
#define   XWORD((unsigned int volatile *)0x20000L)
```

这些函数原型放在 absacc.h 文件中。使用时必须用预处理命令把该头文件包含到文件中，形式为 "#include <absacc.h>"。

其中，CBYTE 以字节形式对 code 区寻址，DBYTE 以字节形式对 data 区寻址，PBYTE 以字节形式对 pdata 区寻址，XBYTE 以字节形式对 xdata 区寻址，CWORD 以字形式对 code 区寻址，DWORD 以字形式对 data 区寻址，PWORD 以字形式对 pdata 区寻址，XWORD 以字形式对 xdata 区寻址。访问格式如下：

　　　　宏名［地址］

宏名为 CBYTE、DBYTE、PBYTE、XBYTE、CWORD、DWORD、PWORD 或 XWORD。地址为存储单元的绝对地址，一般用十六进制形式表示。

例如：DBYTE［0x50］

2. 方式 1

此时串行口工作于异步通信方式，帧数据格式为 10 位（8 位数据，起始位、停止位各 1 位），其传输波特率是可变的。对于 AT89S51 单片机的串行口，其波特率由工作在方式 2 下的定时器 T1 的溢出率决定。此时常设置定时器 T1 工作在方式 2 下，且禁止中断，有

$$波特率 = \frac{2^{SMOD}}{32} \times T1 \text{ 的溢出率} = \frac{2^{SMOD}}{32} \times \frac{f_{osc}}{12 \times (256 - X)}$$

式中，SMOD 为特殊功能寄存器 PCON 中的最高位，当 SMOD = 1 时，表示波特率加倍；当 SMOD = 0 时，表示波特率不加倍。X 为定时器 T1 的初值。

当串行口以方式 1 发送数据时，由 CPU 执行一条写发送寄存器指令就可将数据位逐一

由 TXD 端送出。当发送完一帧数据后，将 TI 置 1。

当串行口以方式 1 接收数据时，需控制 SCON 中的 REN 为 1，此时对 RXD 引脚进行采样，当采样到起始位有效时，开始接收数据。当一帧数据接收完毕，且 RI = 0、SM2 = 0 或接收到 RB8 = 1 时，接收数据有效，此时可将数据送入 CPU，同时将 RI 置 1。

若要再次发送和接收数据，必须用软件将 TI、RI 清零。

3. 方式 2 和方式 3

此时串行口工作于异步通信方式，帧数据格式为 11 位（起始位 1 位、8 位数据位、1 位可编程数据位和 1 位停止位）。

方式 2 与方式 3 的差别仅在于：串行口工作于方式 2 时，其波特率为 $f_{osc}/32$（SMOD = 1）或 $f_{osc}/64$（SMOD = 0），而方式 3 与方式 1 一样，其波特率是可变的，也是由定时器 T1 的溢出率决定的。

发送数据时，由软件设置 TB8 后构成第 9 位数据进行发送，TB8 可作为多机通信中的地址/数据信息的标志位，也可作为奇偶校验位。方式 2 与方式 3 的发送过程与方式 1 的发送过程类似。

方式 2 与方式 3 的接收过程与方式 1 的接收过程也类似，当接收到第 9 位数据后，将这一位送入 RB8 中。

表 5-2 列出了用定时器 T1 产生的常用波特率。

表 5-3 给出了串行口 4 种工作方式的特性小结。

表 5-2 定时器 T1 产生的常用波特率

波特率/Hz	f_{osc}/MHz	SMOD	定时器 1		
			C/$\overline{T}$	方式	定时初值
方式 0（最大）1M	12	×	×	×	×
方式 2（最大）375k	12	1	×	×	×
方式 1、3 62.5k	12	1	0	2	FFH
19.2k	11.0592	1	0	2	FDH
9.6k	11.0592	0	0	2	FDH
4.8k	11.0592	0	0	2	FAH
2.4k	11.0592	0	0	2	F4H
1.2k	11.0592	0	0	2	E8H
137.5	11.0592	0	0	2	1DH
110	6	0	0	2	72H
110	12	0	0	1	FEEBH

表 5-3 串行口 4 种工作方式特性小结

	有关信号	方式 0	方式 1	方式 2、方式 3
	SM0 SM1	00	01	方式 2:10 方式 3:11
发送	TB8	没有	没有	发送的第 9 位数据
	发送位	8 位	10 位(加起始位、停止位)	11 位(加起始位、可控位、停止位)
	数据	8 位	8 位	9 位(数据位、可控位)

(续)

	有关信号	方式 0	方式 1	方式 2、方式 3
发送	RXD	输出串行数据	RXD 在后 3 种方式发送数据时无效	
	TXD	输出同步脉冲	输出发送数据	输出发送数据
	波特率	$f_{osc}/12$	可变 $\dfrac{2^{SMOD}}{32} \times \dfrac{f_{osc}}{12 \times (256-X)}$	方式 2：$\dfrac{2^{SMOD}}{64} \times f_{osc}$ 方式 3：同方式 1
	中断	发送完，置中断标志位 TI = 1，中断响应后由软件清零		
接收	RB8	没有	若 SM2 = 0，接收停止位	接收发送的第 9 位数据
	REN	允许接收，REN = 1		
	SM2	0	一般情况下为 0	多机通信置 1，一般接收置 0
	接收位	8 位	10 位	11 位
	数据位	8 位	8 位	9 位
	波特率	与发送相同		
	接收条件	无条件	RI = 0，且 SM2 = 0 或停止位 = 1	RI = 0 且 SM2 = 0 或接收的第 9 位数据为 1
	中断	接收完毕，置中断标志 RI = 1，中断响应后由软件清零		
	RXD	串行数据输入端	输入接收数据	输入接收数据
	TXD	同步信号输出端		

5.3 串行通信的程序设计

5.3.1 串行口的初始化编程

串行口的初始化编程主要是对串行口控制寄存器 SCON、电源控制寄存器 PCON 中的相关位的设定及对串行口波特率发生器（即定时器）T1 的初始化。如果涉及中断系统，则还需要对中断允许控制寄存器 IE 及中断优先级控制寄存器 IP 进行设定。初始化编程步骤如下：

1）确定串行口控制——编程 SCON 寄存器。
2）确定定时器 T1 的工作方式——编程 TMOD 寄存器。
3）计算定时器 T1 的初值——装入 TH1、TL1。
4）在中断方式下，开中断，设置中断优先级——编程 IE、IP 寄存器。
5）设置波特率加倍——编程 PCON 寄存器。
6）启动定时器 T1——置位 TR1。

可根据需要增减其中各项。

【例 5-2】 若 f_{osc} = 6MHz，波特率为 2400bit/s，设 SMOD = 1，则定时器 T1 的计数初值为多少？并进行初始化编程。

编程思路：要设定波特率为 2400bit/s，首先应计算定时初值：

$$X = 256 - 2^{SMOD} \times \frac{f_{osc}}{\text{波特率} \times 32 \times 12} = 256 - 2^1 \times \frac{6 \times 10^6}{2400 \times 32 \times 12} = 242.98 \approx 243 = \text{F3H}$$

初始化程序如下：

```
SCON = 0x40
TMOD = 0x20
PCON = 0x80
TH1 = 0xF3
TL1 = 0xF3
ET1 = 0
TR1 = 1
```

5.3.2 发送和接收程序设计

通信过程包含两部分：发送和接收。因此通信软件也包括发送程序和接收程序，它们分别位于发送机和接收机中。发送程序和接收程序一般采用两种设计方法，即查询和中断。

1. 查询方式编程

异步串行通信是以帧为基本传送单位的。在每次发送或接收完一帧数据后，将由硬件使 SCON 中的 TI 或 RI 置1。查询方式就是根据 TI 或 RI 的状态是否有效，来判断一次数据发送或接收是否完成，查询方式程序流程图如图 5-8 所示。在发送程序中，首先将数据发送出去，然后查询是否发送完毕，再决定是否发下一帧数据，即"先发后查"。在接收程序中，首先判断是否接收到一帧数据，然后保存这一帧数据，再查询是否接收到下一帧数据，即"先查后收"。

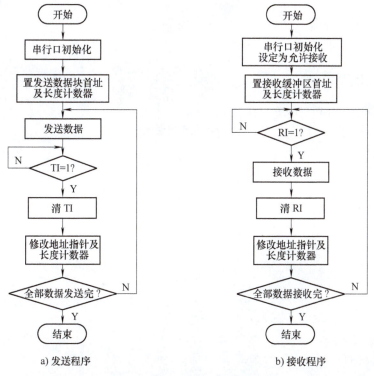

图 5-8 查询方式程序流程图

【例5-3】 用查询方式实现:将甲机起始地址为50H的数据块传送至乙机50H为首址的数据缓冲区中。设数据块的长度为5。

编程思路:设波特率=2400bit/s。由T1工作于方式2,$f_{osc}=6MHz$,SMOD=1,求得TH1=TL1=0F3H。

(1) 发送参考程序

```c
#include <reg51.h>
#include <absacc.h>

unsigned int i;

//串行口初始化函数
void initial (void)
{
    TMOD = 0x20;
    TH1 = 0xF3;
    TL1 = 0xF3;
    SCON = 0x40;
    PCON = 0x80;
    TR1 = 1;
}
//主程序
main( )
{
    initial ( );
    for(i = 0; i <= 5; i ++ )
    {
        SBUF = DBYTE[0x50 + i];
        while(TI == 0);              //是否发送完毕
        TI = 0;
    }
}
```

(2) 接收参考程序

```c
#include <reg51.h>
#include <absacc.h>

unsigned int i;

//串行口初始化函数
void initial (void)
{
    TMOD = 0x20;
```

```
        TH1 = 0xF3;
        TL1 = 0xF3;
        SCON = 0x50;
        PCON = 0x80;
        TR1 = 1;
}
//主程序
main ( )
{
    initial ( );
    for (i = 0; i <= 5; i ++)
    {
        while (RI == 0);              //是否接收完毕
        DBYTE [0x50 + i] = SBUF;
        RI = 0;
    }
}
```

2. 中断方式编程

如果采用中断方式编程，则将 TI、RI 作为中断申请标志。如果设置系统允许串行口中断，则每当 TI 或 RI 产生一次中断申请，就表示一帧数据发送或接收结束。CPU 响应一次中断申请，执行一次中断服务程序，在中断服务程序中完成数据的发送或接收。中断方式程序流程图如图 5-9 所示。其中，发送程序中必须有一次发送数据的操作，目的是为了启动第一次中断，之后的所有数据的发送均在中断服务程序中完成。而接收程序中，所有的数据接收操作均在中断服务程序中完成。

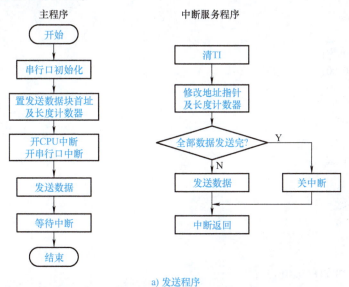

a) 发送程序

图 5-9 中断方式程序流程图

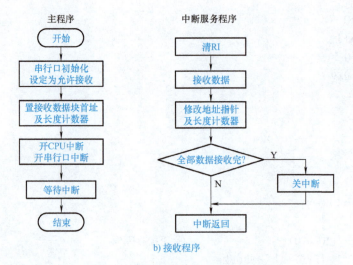

b) 接收程序

图 5-9 中断方式程序流程图（续）

【例 5-4】 用中断方式实现：将甲机起始地址为 ADDRT 的数据块传送至乙机以 ADDRR 为首址的数据缓冲区中。设数据块的长度为 6，串行口工作在方式 2，波特率为 $f_{osc}/64$。

（1）发送参考程序

```c
#include <reg51.h>
#include <absacc.h>

unsigned int i;

//串行口初始化函数
void initial(void)
{
    SCON = 0x80;
    PCON = 0x00;
    EA = 1;
    ES = 1;
}
//串行口发送中断函数
void TS( ) interrupt 4
{
    TI = 0;
    if(i<6)
    {
        i++;
        SBUF = DBYTE[0x40+i];
    }
    else  ES = 0;
}
```

```
//主程序
main( )
{
    initial( );
    i = 0;
    SBUF = DBYTE[0x40 + i];
    while(1);
}
```

(2) 接收参考程序

```
#include <reg51.h>
#include <absacc.h>
unsigned int i;
//串行口初始化函数
void initial(void)
{
    SCON = 0x90;
    PCON = 0x00;
    EA = 1;
    ES = 1;
}
//串行口接收中断函数
void RS( ) interrupt 4
{
    RI = 0;
    if(i < 6)
    {
        DBYTE[0x40 + i] = SBUF; i++;
    }
    else   ES = 0;
}
//主程序
main( )
{
    initial( );
    i = 0;
    while(1);
}
```

3. 奇偶校验位的处理

当串行口采用方式 2 和方式 3 工作时，帧数据格式中的第 9 位可用作奇偶校验位，用以判断数据传送是否出错。当然第 9 位也可不用于奇偶校验，而由用户自行处理。

AT89S51 单片机在执行与累加器相关的指令时，将会影响程序状态字 PSW 中的奇偶校验位 P 的状态。当累加器 A 中"1"的个数为奇数时，P 置为 1；为偶数时，P 置为 0。

发送数据时，当发送的字节数据送入累加器 A 后，P 标志和 A 中"1"的总个数应为偶数，此时，可将 P 值送入 TB8，这样就实现了数据的补偶发送。与此对应，在接收数据时，可在读取数据时进行"偶校验"，如果 RB8 中的位值与累加器 A 从 SBUF 读入的数据中的"1"加起来后，"1"的个数也是偶数，则接收正确，否则为出错。

【例 5-5】 采用查询方式编写带奇偶校验的数据块发送和接收程序，若接收有错，将用户标志位 F0 置 1。要求串行口工作于方式 2，波特率为 $f_{osc}/32$，发送数据块存放在首址为 TDATA 的存储区内，字节数为 n。接收缓冲区首址为 RDATA。

（1）发送参考程序

```
#include <reg51.h>
#include <absacc.h>
unsigned char TDATA = 0x40;
unsigned char n = 0x10;
//主程序
void main(void)
{
    unsigned char i;
    SCON = 0x80;
    PCON = 0x80;
    for(i = 0; i < n; i++)
    {
        ACC = DBYTE[TDATA+i];
        TB8 = P;
        SBUF = DBYTE[TDATA+i];
        while(!TI);
        TI = 0;
    }
}
```

（2）接收参考程序

```
#include <reg51.h>
#include <absacc.h>
unsigned char RDATA = 0x40;
unsigned char n = 0x10;
//主程序
void main(void)
{
    unsigned char i;
    SCON = 0x90;
    PCON = 0x80;
    for(i = 0; i < n; i++)
    {
        while(RI == 0);
```

```
            RI = 0;
            ACC = SBUF;
            if (RB8 == P)
            {
                DBYTE [RDATA + i] = SBUF;
            }
            else
                F0 = 1;
        }
    }
```

5.4 双机通信系统的设计与制作

5.4.1 工作任务

要构成一个较大规模的控制系统，常需要采用多机控制实现，而 AT89S51 单片机有一个异步通信方式的全双工串行接口，可以方便地构成双机、多机系统。而串行通信也成为单片机与单片机、单片机与上位机之间进行数据传输的主要方式，是一种适用于远距离通信的数据传输方式。

例如，在视频监控系统中所使用的云台解码器，它的主要作用就是实现控制设备（PC、数字矩阵或数字硬盘录像机）和前端被控制设备（云台）的信号转换，它利用 RS-485 通信线与控制设备通信，将从控制设备得到的控制信号进行识别和解析，并向前端被控制设备发送控制指令。云台解码器的连接示意图如图 5-10 所示。

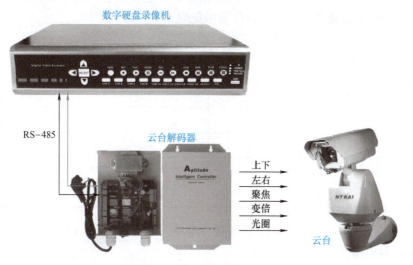

图 5-10 云台解码器连接示意图

本任务是设计一个单片机双机通信系统，单片机 A 接一个 8 位拨码开关，单片机 B 接 8 个发光二极管，通过串行通信实现由 A 机拨码开关控制 B 机发光二极管的亮灭。

5.4.2 双机通信系统硬件制作

1. 硬件电路图

双机通信系统的硬件电路图分别由两个单片机最小系统、拨码开关输入电路及发光二极管显示电路构成，两个单片机的 RXD 与 TXD 交叉互联，如图 5-11 所示。

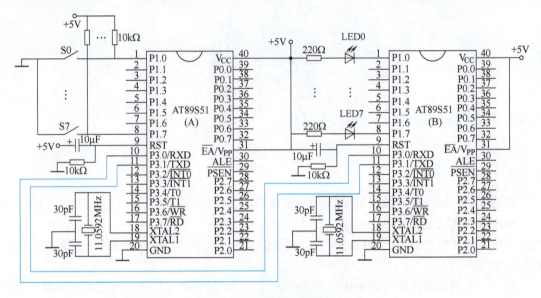

图 5-11 双机通信电路接线图

2. 焊接硬件电路

准备好元器件及焊接测试用工具（电烙铁、焊锡丝、松香、吸锡器、斜口钳、镊子及万用表）后，即可制作硬件电路，元器件清单见表 5-4。

表 5-4 元器件清单

序 号	元器件名称	规 格	数 量
1	51 单片机最小系统		2 套
2	电阻	10kΩ 电阻	10 个
3	电阻	220Ω	8 个
4	发光二极管	红色或绿色	8 个
5	拨码开关	8 位拨码开关	1 个

认识并准备元器件，根据图 5-11 焊接硬件电路，注意 RXD 与 TXD 的连接。

3. 测试硬件电路

双机通信硬件电路测试可按以下步骤进行：

1）分别测试两个最小系统电路是否工作正常。
2）测量两个单片机的 TXD 和 RXD 连接是否正确。

5.4.3 双机通信系统软件设计

双机通信程序设计采用查询方式,由发送程序和接收程序两部分组成,分别控制两个单片机的工作。发送程序完成拨码开关状态采集及发送任务,接收程序完成数据接收及驱动显示任务。双机通信程序流程图如图 5-12 所示。

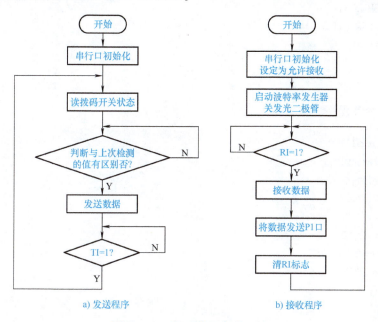

图 5-12 双机通信程序流程图

(1) 发送参考程序

```c
#include <reg51.h>
#define uchar unsigned char
uchar i, j;
//串口初始化函数
void initial(void)
{
    SCON = 0x40;           //串口以方式 1 工作
    TMOD = 0x20;           //T1 以方式 2 工作
    TH1 = 0xFD;            //波特率为 9600bit/s
    TL1 = 0xFD;
    TR1 = 1;
}
//主程序
main( )
{
    initial( );            //串口初始化
    P1 = 0xFF;             // 读入拨码开关
    j = P1;
```

```
while (1)
{
    do{i = P1;}
    while (i == j);
    j = i;
    SBUF = i;
    while (TI == 0);              //是否发送完毕
    TI = 0;
}
```

(2) 接收参考程序

```
#include <reg51.h>
#define uchar unsigned char
//串行口初始化函数
void initial (void)
{
    SCON = 0x50;
    TMOD = 0x20;
    TH1 = 0xFD;
    TL1 = 0xFD;
    TR1 = 1;
}
//主程序
main( )
{
    initial( );                   //串行口初始化
    P1 = 0xFF;
    while(1)
    {
        while(RI == 0);
        P1 = SBUF;                //将接收到的数据输出到P1口
        RI = 0;
    }
}
```

5.4.4 双机通信系统调试

1. 双机通信系统的编译与调试

(1) 双机通信程序的编译　在Keil μVision4软件中新建工程文件并命名为"CommTXD",输入双机通信发送端的C51语言源程序,以"CommTXD.c"为文件名存盘。单击编译图标,即可生成"CommTXD.hex"文件。再次新建工程文件并命名为"CommRXD",输入双机通信接收端的C51语言源程序,以"CommRXD.c"为文件名存盘。单击编译图标![icon]，即可生成"CommRXD.hex"文件。

（2）双机通信系统 Proteus 仿真

1）在 Proteus 仿真环境下画出双机通信电路图。双机通信硬件电路所需元器件见表 5-5。按图 5-11 画出硬件接线图，可省略时钟电路和复位电路。双机通信仿真电路图如图 5-13 所示。

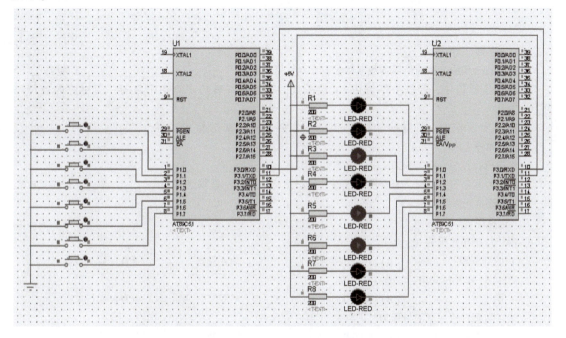

图 5-13　双机通信仿真电路图

表 5-5　双机通信硬件电路所需元器件

元器件名	类	子　类	参　数	备　注
AT89C51	Microprocessor ICs	8051 Family		代替 AT89S51
BUTTON	Switches & Relays	Switches		拨码开关
RES	Resistors	Generic	220Ω	发光二极管限流电阻
LED-RED	Optoelectronics	LEDs		红色发光二极管

2）将双机通信编译文件加入 Proteus 中，进行虚拟仿真。双击左侧发送端 AT89C51 单片机芯片，可打开元器件编辑对话框，选取目标代码文件"CommTXD.hex"，再双击右侧接收端 AT89C51 单片机芯片，打开元器件编辑对话框，选取目标代码文件"CommRXD.hex"。同时调整两个单片机的晶体振荡器频率为 11.0592MHz。在 Proteus 仿真界面中的仿真工具栏中单击按钮▶，启动全速仿真。用鼠标单击拨码开关，观察发光二极管的显示状态。

2. 联机调试并下载程序

将已调试成功的双机通信程序通过 ISP 下载线分别下载到两个单片机中，将下载线拨出，接通电源，观察结果。用工具拨动开关后，观察发光二极管的状态。

若下载不成功，则需检查单片机最小系统中的时钟电路和复位电路是否工作正常。

5.4.5 改进与提高

进一步完善双机通信系统的功能，改进以下几点：
1) 采用中断方式编程实现串行通信。
2) 将串行通信的工作方式由方式 1 改为方式 2 或方式 3，重新设计。

习　　题

一、填空题

1. 在串行通信中，按通信双方数据传输的方向，可分为_____、_____、_____ 3 种方式。
2. 在异步通信中，若每个字符由 11 位组成，串行口每秒传送 250 个字符，则对应的波特率为_____。
3. 在异步通信中，数据的帧格式定义一个字符由 4 部分组成，即_____、_____、_____和停止位。
4. 在串行口控制寄存器 SCON 中，REN 的作用是_____。
5. 在单片机串行通信时，若要发送数据，就必须将要发送的数据送至_____单元；若要接收数据，也要到该单元取数。

二、选择题

1. 串行口是单片机的（　　）。
　（A）内部资源　　　（B）外部资源　　　（C）输入设备　　　（D）输出设备
2. AT89S51 单片机的串行口是（　　）。
　（A）单工　　　　　（B）全双工　　　　（C）半双工　　　　（D）并行口
3. 表征数据传输速率的指标为（　　）。
　（A）数据长度　　　（B）UART　　　　（C）字符帧　　　　（D）波特率
4. 单片机和 PC 接口时，往往要采用 RS-232 接口，其主要作用是（　　）。
　（A）提高传输距离　（B）提高传输速率　（C）进行电平转换　（D）提高驱动能力
5. 单片机输出信号为（　　）电平。
　（A）RS-232C　　　（B）TTL　　　　　（C）RS-485　　　　（D）RS-422
6. 串行口每一次传送（　　）字符。
　（A）1bit　　　　　（B）1B　　　　　　（C）1 帧　　　　　（D）1 波特

三、编程应用题

1. 试用查询方式编写一个数据块发送程序。数据块的首址为内部 RAM 的 30H 单元，其长度为 20B，设串行口工作于方式 1 下，传送的波特率为 9600bit/s（$f_{osc}=6MHz$），不进行奇偶校验处理。
2. 试用中断方式编写一个数据块接收程序。接收缓冲区首址为内部 RAM 的 20H 单元，接收的数据为 ASCII 码，设串行口工作于方式 1 下，波特率设定为 1200bit/s（$f_{osc}=11.0592MHz$），接收时进行奇偶校验，若出错则删除接收的数据。
3. 试利用串行口控制 8 位 LED 发光二极管循环点亮。
4. 利用单片机的串行口实现双机通信，将甲机发送的不同控制命令显示在乙机的数码管上。要求：甲机发送 "A""B""C"，则乙机显示数字 "1""2""3"。
5. 编写 PC 与单片机通信的程序，要求由 PC 发出指定字符后，由单片机收到后回送原字符，表明通信正常。通信协议为：波特率—4800bit/s，数据位—8，奇偶校验—无，停止位—1。

项目 6 A-D 转换器的应用

本项目通过设计与制作数字电压表的工作任务，详细介绍了单片机的总线结构及扩展方法、模-数（A-D）转换芯片 ADC0809 的基本结构及使用方法。

知识目标	技能目标
1) 了解单片机的总线结构 2) 掌握 A-D 转换的基本知识 3) 掌握 ADC0809 与单片机的硬件连接 4) 掌握 A-D 转换器的程序设计方法	1) 掌握模-数转换芯片的调试方法 2) 掌握单片机外围扩展电路的连接方法

6.1 A-D 转换的基本知识

模拟量是指温度、压力、位移、电压及电流等幅值随时间连续变化的物理量，通常用数值表示其大小，如 25 ℃、5.1kPa、10mm、2.7V 和 3A 等。

单片机系统内部能处理的信号都是数字量，即 0 和 1。所谓数字量，就是用一系列的 0 和 1 组成的二进制代码表示某个信号的大小。用数字量表示同一个模拟量时，数字位数的多少决定了精度的高低。如 0~5V 的电压信号，如果用三位二进制数表示，则只能有 8 种组合形式，因此需要把这个 0~5V 的电压信号分为 8 等份，每一等份用一个三位二进制数的组合表示，而在两个相邻等份之间的模拟量就无法被表示出来，只有增加等份才行。显然，要想用数字量精确地表达一个模拟量，必须尽可能多地增加数字量的位数，但这是无法实现的。

在 AT89S51 单片机内部已经集成了 CPU、I/O 口、定时器、中断系统及存储器等计算机的基本部件（即系统资源），使用非常方便，应用于小型控制系统已经足够了。但在 AT89S51 单片机内部没有集成 A-D 转换芯片，因此必须在外部扩展 A-D 转换芯片，以实现外部模拟量信号的数据采集。

6.1.1 A-D 转换的过程

A-D 转换的功能是把模拟量转换为 n 位数字量，一般 A-D 转换的过程由采样保持、量化和编码 3 个步骤实现，A-D 转换器必须在开始转换的瞬间对输入的模拟信号采样，采样结束后进入保持时间，在这段时间内将采样值转换成数字量，并按一定的编码形式给出转换结果，然后开始下一次采样。

图 6-1 所示为 A-D 转换器的输入和输出关系，现对其进行如下说明。

1) 将输入 A-D 转换器的模拟量转换成离散量的过程称为采样，经过采样后输出不连续的物理量。在图 6-1 中，各个孤立的点表示采样结果，每个点的纵坐标代表某个时刻的模拟量，在相邻的两次采样中，A-D 转换器的输出保持前一时刻的值，经 A-D 转换后的输出特性曲线是一条阶梯曲线。

2) 相邻两次采样的时间间隔称为采样周期,为了使输出量充分反映输入量的变化情况,采样周期要根据输入量变化的快慢决定,一次 A-D 转换所需要的时间应该小于采样周期。

为了正确无误地采样,采样频率与模拟信号频率的关系必须满足采样定理,即

$$f_S \geq 2f_{imax}$$

式中,f_S 为采样频率;f_{imax} 为输入模拟量信号的最高频率分量的频率。

采样频率越高,A-D 转换器每次进行转换的时间也就越短,对 A-D 转换器的工作速度要求就越高。通常取采样频率 $f_S = (3 \sim 5)f_{imax}$ 就可以满足要求了。

由于每次把采样值转换成相应的数字量都需要一定的时间,所以在每次采样后,必须把采样值保持一段时间。可见,进行 A-D 转换时所用的输入值,实际是每次采样结束时的输入值,在转换过程中,如果输入模拟量发生变化,转换值也不会随之改变,直到等到下一次采样的到来。

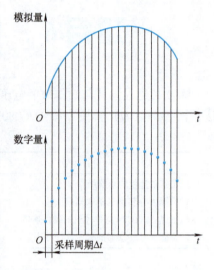

图 6-1　A-D 转换器的输入和输出关系

3) 采样输出的离散量转换为相应的数字量称为量化,假设输入的模拟量为 0~4.99V,经 8 次采样输出的离散量分别为 0.00V、0.71V、1.42V、2.13V、2.84V、3.55V、4.28V 和 4.99V。经量化后输出三位二进制数表示的数字量,此过程称为编码。离散量与数字量的对应关系见表 6-1。

表 6-1　离散量与数字量的对应关系

输出离散量/V	0.00	0.71	1.42	2.13	2.84	3.55	4.28	4.99
输出数字量	000	001	010	011	100	101	110	111

4) 数字量最低位(最低有效位,Least Significant Bit,LSB)对应的模拟电压称为一个量化单位,用 Δ 表示。显然,数字信号最低有效位中的 1 表示的数量大小,就等于 Δ。如果模拟电压小于此值,则不能转换为相应的数字量。LSB 表示 A-D 转换器的分辨能力,从表 6-1 可知,1LSB = 0.71V。

为了实现输出数字信号近似于输入模拟信号的指标,必须有足够大的采样频率和转换位数。采样频率越大,采样后的信号越接近输入信号,一般选择采样频率大于 3~5 倍模拟信号的最高频率。A-D 转换器的位数越多,转换后的数字量也越接近于模拟量。

6.1.2　A-D 转换器的主要技术指标

(1) 分辨率　分辨率是指 A-D 转换器能分辨的最小模拟输入量,通常用转换数字量的位数表示,如 8 位、10 位、12 位和 16 位等,位数越高,分辨率越高。例如,对于 8 位 A-D 转换器,当输入电压满刻度为 5V 时,输出数字量的变化范围为 0~255,转换电路对输入模拟电压的分辨能力为 5V/255 = 19.6mV。

(2) 转换时间　转换时间就是 A-D 转换器完成一次转换所需的时间。转换时间是软件

编程时必须考虑的参数,若 CPU 采用无条件传送方式输入转换后的数据,则从启动 A-D 芯片转换开始到 A-D 芯片转换结束的时间称为延时等待时间,该时间由启动转换程序之后的延时程序实现,延时等待时间必须大于或等于 A-D 转换时间。

(3) 量程　量程就是 A-D 转换器所能转换的输入电压范围。

(4) 量化误差　量化误差是将模拟量转换成数字量的过程中引起的误差。

(5) 精度　精度是指数字输出量对应的模拟输入量的实际值与理论值之间的差值。

【例 6-1】　某信号采集系统,要求用一片 A-D 转换器测量 0～5V 的电压,分辨率为 1/1000,对采样时间无要求,应选用几位的 A-D 转换器?

分析:由于其分辨率为 1/1000,故选择 10 位的 A-D 转换器即可,其分辨率可达 1/1024。

常用的 A-D 转换器按照转换输出数据的方式分为串行与并行两种,并行 A-D 转换器按原理可分为计数式、双积分式、逐次逼近式和并行式 4 种,目前常用的是双积分式和逐次逼近式 A-D 转换器。

双积分式 A-D 转换器的主要特点是转换精度高、抗干扰能力好及价格低廉,但转换速度较慢,主要应用在转换速度要求不高的场合。目前使用较多的双积分式 A-D 转换器芯片有 ICL7106/ICL7107/ICL7126 系列、MC14433 和 ICL7136 等。

逐次逼近式 A-D 转换器的主要特点是转换速度较快、转换精度较高,转换时间在几微秒到几百微秒之间,典型芯片有 8 位 MOS 型 ADC0801～ADC0805、8 位 CMOS 型 ADC0808/0809 和 ADC0816/0817 等。

不同 A-D 转换器的适用条件不同。在要求转换速度高的场合,应选用并行 A-D 转换器;在要求精度高的场合,可选用双积分式 A-D 转换器。由于逐次逼近式 A-D 转换器兼有转换速度快、精度高的特点,因此被广泛应用。

6.2　8 位 A-D 转换器 ADC0809

ADC0809 是一种典型的 8 位 8 通道逐次逼近式 A-D 转换器,转换时间为 100μs,单 +5V 电源供电,输入电压(模拟量)范围为 0～+5V,不需要零点和满刻度校准,工作温度为 -40～+85℃,功耗为 15mW。其内部逻辑结构如图 6-2 所示。

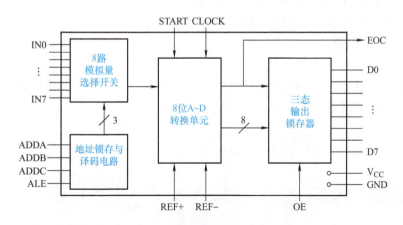

图 6-2　ADC0809 内部逻辑结构框图

8路模拟量选择开关可选通8个模拟通道,允许8路模拟量分时输入,共用一个A-D转换器进行转换。地址锁存与译码电路完成对ADDA、ADDB和ADDC三个地址位的锁存和译码。译码输出用于8路模拟通道的选择。三态输出锁存器用于存放和输出转换得到的数字量。

ADC0809芯片为28脚双列直插式封装的芯片,其引脚排列如图6-3所示。

ADC0809各引脚的功能如下:

1) IN7~IN0:模拟量输入通道。

2) ADDA、ADDB和ADDC:8路模拟通道地址选通输入端,地址状态与通道的对应关系见表6-2。

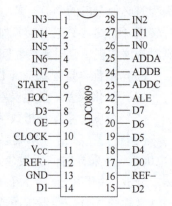

图6-3 ADC0809芯片引脚排列

表6-2 ADC0809通道选择

ADDC	ADDB	ADDA	选择的通道	ADDC	ADDB	ADDA	选择的通道
0	0	0	IN0	1	0	0	IN4
0	0	1	IN1	1	0	1	IN5
0	1	0	IN2	1	1	0	IN6
0	1	1	IN3	1	1	1	IN7

3) ALE:地址锁存允许信号。在ALE信号的上升沿将通道地址锁存至地址锁存器。

4) START:启动A-D转换控制信号。在START信号的上升沿,所有内部寄存器清零;在START信号的下降沿,开始进行A-D转换;在A-D转换期间,START保持低电平。

5) D7~D0:数据输出线。三态缓冲输出形式,与单片机的数据线可以直接相连。

6) OE:输出允许信号。控制三态输出锁存器向单片机输出转换得到的数据。当OE = 0时,输出数据线呈高阻态;OE = 1时,输出转换得到的数据。

7) CLOCK:时钟信号。ADC0809内部没有时钟电路,需要外接时钟信号,时钟频率范围为10~1280kHz,当时钟频率为500kHz时,转换速度为128μs。通常使用频率不高于640kHz的时钟信号。

8) EOC:转换结束状态信号。EOC = 0,正在进行转换;EOC = 1,转换结束。EOC信号可作为查询的状态标志,也可作为中断请求信号使用。

9) V_{CC}:+5V电源。

10) GND:地。

11) REF + 、REF - :参考电压。参考电压用来与输入的模拟信号进行比较,作为逐次逼近的基准,其典型值为REF + = +5V,REF - = 0V。

6.3 单片机与A-D转换器接口电路

6.3.1 单片机的总线结构

当所要设计的单片机应用系统较为复杂时,单片机内部资源不足以满足需要,这时就要在 AT89S51 单片机的外部再扩展其他芯片或电路，使相关功能得以扩展，称之为系统扩展（即系统资源的扩充）。

单片机系统扩展有并行扩展和串行扩展两种方法。并行扩展通过单片机的三总线（地址总线 AB、数据总线 DB 和控制总线 CB）来实现；串行扩展利用 SPI 三总线和 I^2C 双总线的串行系统来实现。

单片机外部并行扩展以单片机为核心，通过系统总线挂接存储器芯片或 I/O 接口芯片来实现。挂接存储器芯片就是存储器扩展，挂接 I/O 接口芯片就是 I/O 扩展。其扩展系统总线结构如图 6-4 所示。

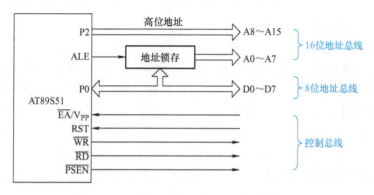

图 6-4　AT89S51 单片机扩展系统总线结构

1．三总线结构

由于 AT89S51 单片机的引脚数量有限，外部没有独立的总线，因此只能利用 I/O 口实现总线构成。

（1）地址总线（Address Bus，AB）　地址总线用于传送单片机发出的地址信号，以便进行存储单元和 I/O 口的选择。地址总线的位数决定了可访问存储器或 I/O 口的容量。AT89S51 单片机有 16 条地址线，所以能寻址 64KB 空间。

AT89S51 单片机的 16 位地址线由 P0 口和 P2 口提供。其中，P2 口提供高 8 位地址线；P0 口提供低 8 位地址线。由于 P0 口是低 8 位地址和 8 位数据的复用线，因此必须外接锁存器，用于将先发送出去的低 8 位地址锁存起来，然后才能传送数据。

74LS373 是常用的地址锁存器芯片，它实质上是一个带三态缓冲输出的 8D 触发器。其外部引脚分配及真值表如图 6-5 所示。

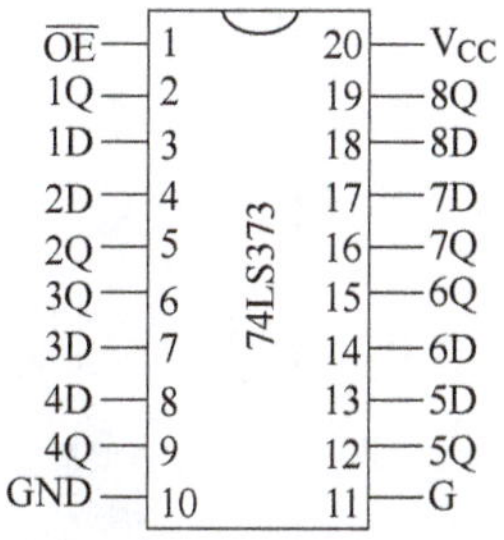

74LS373 真值表

$\overline{OE}$	G	D	Q
0	1	1	1
0	1	0	0
0	0	×	保持
1	×	×	高阻

图 6-5　74LS373 引脚分配及真值表

注意：P0 口、P2 口在系统扩展中用作地址线后不能再作为一般 I/O 口使用。

（2）数据总线（Data Bus，DB）　数据总线用于在单片机与存储器之间或单片机与 I/O 口之间传送数据。数据总线是双向的，可以进行两个方向的数据传送。

AT89S51 单片机的数据总线为 8 位，由 P0 口提供。在数据总线上可以连接多个外围芯片，但在某一时刻只能有一个有效的数据传送通道。

（3）控制总线（Control Bus，CB）　控制总线实质上是一组控制信号线，用于协调单片机与外围芯片之间的联系。在 AT89S51 单片机进行系统扩展时所用到的控制信号主要包括：地址锁存允许信号 ALE，读片外程序存储器选通信号 $\overline{PSEN}$，片外程序存储器选择信号 $\overline{EA}$ 及片外数据存储器读/写信号 $\overline{RD}$、$\overline{WR}$ 等。

2. 总线的连接

各种外围接口电路与单片机相连都是利用三总线实现的，下面介绍其方法。

（1）地址线的连接　通常将外围芯片的低 8 位地址线经锁存器与 AT89S51 单片机的 P0 口相连，高 8 位地址线与 AT89S51 单片机的 P2 口相连。如果不足 16 位则按从低至高的顺序与 P0、P2 口的各位相连。

外围芯片的片选信号也接至地址总线，常有如下 3 种接法：

1）接至 AT89S51 单片机剩余的高位地址线，这种接法称为线选法，适用于外围芯片少的情况，接法较简单。

2）接至 AT89S51 单片机剩余高位地址线经译码器译码后的输出端，这种接法称为译码法，适用于外围芯片数量较多的情况，但需要增加译码器。

3）将片选信号直接接地。

（2）数据线的连接　外围芯片的数据线可直接与 AT89S51 单片机的 P0 口相连。

（3）控制线的连接　外围芯片的控制线连接可根据实际需要与 AT89S51 单片机的部分控制总线相连。

6.3.2　单片机与 A-D 转换器的接口

ADC0809 与 AT89S51 单片机的典型连接电路如图 6-6 所示。

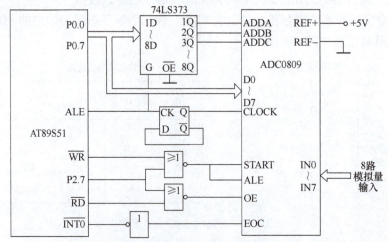

图 6-6　ADC0809 与 AT89S51 单片机的典型连接电路

项目6 A-D转换器的应用

将单片机的地址锁存允许信号 ALE 分频后作为 ADC0809 的外部时钟信号。ADC0809 的地址译码引脚 ADDA、ADDB 和 ADDC 分别与单片机地址总线的低 3 位 A0、A1 和 A2 相连，进行通道选择。ADC0809 的片选信号用 P2.7 来控制，即

P2.7	P2.6	P2.5	P2.4	P2.3	P2.2	P2.1	P2.0	P0.7	P0.6	P0.5	P0.4	P0.3	P0.2	P0.1	P0.0
0	1	1	1	1	1	1	1	1	1	1	1	1	0	0	0
0	1	1	1	1	1	1	1	1	1	1	1	1	…	…	…
0	1	1	1	1	1	1	1	1	1	1	1	1	1	1	1

则输入通道 IN0 ~ IN7 的地址为 7FF8H ~ 7FFFH。启动信号 START 由单片机的写信号 $\overline{WR}$ 和 P2.7 共同提供，将 ALE 与 START 相连，执行写操作时启动 ADC0809，输出允许信号 OE 由单片机读信号 $\overline{RD}$ 和 P2.7 共同控制，执行读操作时将 A-D 转换的结果送入单片机。

6.4 单片机与 A-D 转换器接口程序设计

ADC0809 的程序设计主要分以下几步完成：

1) 通过控制 ADC0809 的地址译码引脚 ADDA、ADDB 和 ADDC 的状态，选择通道地址。

2) 通过单片机内部定时器或外部硬件电路启动 ADC0809 的时钟信号。

3) 控制 ADC0809 的 START 引脚启动 A-D 转换。

4) 等待转换结束。A-D 转换后的数字量通常采用查询方式和中断方式传送到单片机进行数据处理。单片机通过查询方式测试 EOC 的状态，即可判断转换是否完成；单片机也可以把 EOC 状态作为中断信号，用中断方式进行数据传送。

5) 控制 ADC0809 的 OE 引脚，将转换结果保存到指定的存储单元。

1. C51 中定义外部 RAM 或扩展 I/O 口的方法

在 MCS-51 系列单片机中，外部 I/O 与外部 RAM 是统一编址的，因此对外部 I/O 的读写操作与外部 RAM 的读写操作是一致的。首先在程序中必须包含"absacc.h"绝对地址访问头文件，然后用关键字 XBYTE 来定义 I/O 口地址或外部 RAM 地址。

```
#include <absacc.h>              //绝对地址访问头文件
#define IN0 XBYTE [0x7FF8]       //设置 ADC0809 的通道 0 地址
```

有了以上定义后，就可以直接在程序中对已定义的 I/O 口名称进行读写了，例如"i = IN0;"。

2. C51 中的指针

指针是 C 语言的一个特殊的变量，它存储的数值被解释为内存的一个地址。

(1) 指针变量的定义　指针定义的一般形式如下：

　　数据类型　*指针变量名;

例如：int i, j, *i_ptr;　　　　　//定义整型变量 i、j 和整型指针变量 i_ptr

(2) 指针运算符

1) 取地址运算符"&"。取地址运算符"&"是单目运算符,其功能是取变量的地址,例如:

  i_ptr = &i;   //变量 i 的地址送给指针变量 i_ptr

2) 取内容运算符"*"。取内容运算符"*"也是单目运算符,用来表示指针变量所指单元的内容,在"*"运算符之后必须跟指针变量。例如:

  j = *i_ptr;

(3) 指针变量的赋值运算符"="

1) 把一个变量的地址赋予指向相同数据类型的指针变量。例如:

  int i, *i_ptr;
  i_ptr = &i;   //把整型变量 i 的地址发送给整型指针变量 i_ptr

2) 把一个指针变量的值赋予指向相同类型变量的另一个指针变量。例如:

  int i, *i_ptr, *m_ptr;
  i_ptr = &i;   //把整型变量 i 的地址发送给整型指针变量 i_ptr
  m_ptr = i_ptr;   //把整型指针变量 i_ptr 中保存的 i 的地址发送给指针 m_ptr,
              两个指针都指向变量 i

【例6-2】 设 ADC0809 与 AT89S51 单片机接口电路如图 6-6 所示,要求采用中断方式进行 8 路 A-D 转换,并将数据依次存放在内部 RAM 中。

参考程序如下:

```
#include <reg52.h>
#include <absacc.h>                    //绝对地址访问头文件
#define IN0 XBYTE [0x7FF8]             //设置 ADC0809 的通道 0 地址
unsigned char i;                       //通道选择控制
unsigned char x [8];                   //存放 8 个通道的 A-D 转换数据
unsigned char xdata *ad_adr;           //存放通道地址
void int0_isr (void) interrupt 0
{
        x [i] = *ad_adr;               //存转换结果
        ad_adr++;                      //下一通道
        i++;
        while (i==8) EA = 0;           //8 个通道转换完毕,关中断
}
int main (void)
{
```

```
        IT0 = 1;                //设置边沿触发方式
        EX0 = 1;                //外部中断 0 开中断
        EA = 1;                 //开总中断
        i = 0;                  //初始化 i 为第 0 通道
        ad_adr = &IN0;          //通道 0 地址送 ad_adr
       *ad_adr = 0;             //写操作启动 A-D 转换
        while (1);              //等待中断
        return 0;
}
```

6.5 数字电压表的设计与制作

6.5.1 工作任务

利用单片机作为核心控制部件的智能化电子仪器及仪表具有高测量精度、高灵敏度和分辨率、高可靠性和稳定性、测量速度快、智能调理、通信联网及电子储存等特点，已在电子及电工测量、工业自动化仪表和自动测试系统等智能化测量领域得到了广泛的应用。几种智能仪表的外形如图 6-7 所示。

图 6-7 几种智能仪表的外形

在电量的测量中，电压、电流和频率是最基本的 3 个被测量，其中，对电压的测量最为常见。而且随着电子技术的发展，更是经常需要测量高精度的电压，所以数字电压表就成为一种必不可少的测量仪表。数字电压表（Digital Voltmeter，DVM）是采用数字化测量技术，把连续的模拟量（直流或交流输入电压）转换成不连续、离散的数字形式并加以显示的仪表。

本任务是设计一个简易的数字电压表，要求能测量 0～5V 的直流电压值，并通过四位数码管实时显示该电压值。

6.5.2 数字电压表的硬件制作

1. 硬件电路图

数字电压表的硬件电路由单片机最小系统、ADC0809 数据采集电路和四位一体共阳极动态显示电路构成，如图 6-8 所示。ADC0809 数据采集电路的 D0～D7 端与 P1 口相连，通道选择端 ADDA、ADDB、ADDC 直接接地，因此该电路的通道固定为 IN0。时钟信号 CLOCK、启动信号

START、转换结束信号 EOC 及输出允许信号 OE 分别接至 P3.4~P3.7 端。共阳极显示电路的位选线接至 P2.0~P2.3 端，段选线接至 P0 口，AT89S51 单片机的输出端口不足以驱动共阳极动态显示电路，可加晶体管放大电路或 74LS244、74LS373 等集成芯片进行驱动。

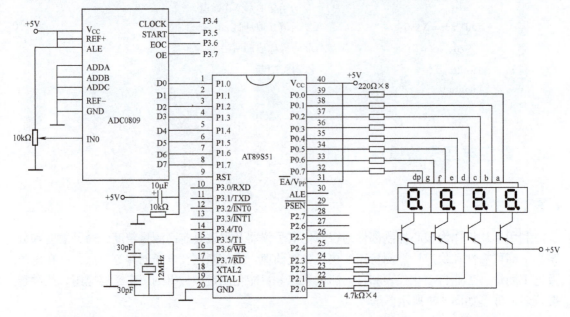

图 6-8　数字电压表硬件电路

2. 焊接硬件电路

准备好元器件及焊接测试用工具（电烙铁、焊锡丝、松香、吸锡器、斜口钳、镊子及万用表）后，即可制作硬件电路，元器件清单见表 6-3。

表 6-3　元器件清单

序号	元器件名称	规格	数量
1	51 单片机最小系统		1 套
2	A-D 转换器	ADC0809	1 个
3	电阻	220Ω、4.7kΩ	若干
4	可调电阻	10kΩ	1 个
5	LED 数码管	共阳极四位一体数码管	1 个
6	PNP 型晶体管	8550	4 个

认识并准备元器件，根据图 6-8 焊接硬件电路，注意区分晶体管各管脚，以免接错。

3. 测试硬件电路

数字电压表硬件电路的测试可按以下步骤进行：

1）测试最小系统电路是否工作正常。

2）测量 LED 数码管动态显示电路接线是否正确，注意测量所选的数码管的类型及引脚。利用简单的动态扫描程序测试 LED 数码管是否工作正常。

3）测试 ADC0809 是否工作正常。在其时钟端 CLOCK 加入一定频率的时钟信号，编写简单的 A-D 转换程序，观察输出是否会根据输入可调电阻值的改变而改变。

6.5.3 数字电压表的软件设计

数字电压表的 C51 程序主要由主程序、定时器中断程序、显示程序、电压值转换程序等构成。主程序主要用于完成 A-D 转换，定时器中断程序用于产生 A-D 转换器工作时所需的时钟，显示程序用于驱动数码管显示，电压值转换程序主要用于将 A-D 转换器转换后的电压值按十进制位进行分离，以便于显示程序的处理。

数值转换的思路是：A-D 转换器将外部电压 0～5V 转换为 0～256，若显示分辨率为 0.001V，则 5V 对应的数字量为 256。显示时可将 5V 的数值放大 1000 倍，即显示 5000mV，可在程序中控制小数点显示在最高位，即可显示单位为 V（伏）的电压值。程序流程图如图 6-9 所示。

其参考程序如下：

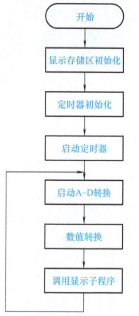

图 6-9　数字电压表程序流程图

```
//C51 语言源程序 DigitalVoltage. c
#include < reg52. h >

sbit CLK = P3^4;
sbit ST = P3^5;
sbit EOC = P3^6;
sbit OE = P3^7;

unsigned char code dis_tab [10] = {0xC0, 0xF9, 0xA4, 0xB0, 0x99,
                                    0x92, 0x82, 0xF8, 0x80, 0x90};   //共阳极码表
unsigned char dis_buff [4] = {0x00, 0x00, 0x00, 0x00};               //显示缓冲区
//1ms 延时程序
void delay_nms (unsigned int i)
{
    unsigned int j;
    for (; i! = 0; i -- )
    {
        for (j = 0; j < 123; j ++ );
    }
}
//定时器初始化程序
void timer0_init (void)
```

```c
    {
        TMOD |= 0x02;              //定时器T0方式2
        TH0 = 246;                 //设定时钟频率为50kHz
        TL0 = 246;
        TR0 = 1;
        ET0 = 1;
        EA = 1;
    }
//电压值分离存入显示缓冲区
void adc_to_disbuffer (unsigned int adc)
    {
        dis_buff [0] = adc/1000;
        dis_buff [1] = adc%1000/100;
        dis_buff [2] = adc%100/10;
        dis_buff [3] = adc%10;
    }
//数码管显示程序
void display (void)
    {
        P2 = 0xF7;
        P0 = dis_tab [dis_buff [0]] &0x7F;
        delay_nms (1);
        P2 = 0xFB;
        P0 = dis_tab [dis_buff [1]];
        delay_nms (1);
        P2 = 0xFD;
        P0 = dis_tab [dis_buff [2]];
        delay_nms (1);
        P2 = 0xFE;
        P0 = dis_tab [dis_buff [3]];
        delay_nms (1);
    }
//主程序
int main (void)
    {
        unsigned char ad_value = 0;
        unsigned int temp = 0;
        P0 = 0xFF;
        timer0_init ( );
        while (1)
        {
            ST = 0;
```

```
            ST = 1;
            ST = 0;
            while（EOC ==0）;
            OE = 1;                              //转换完毕,打开输出
            ad_value = P1;
            OE = 0;
            temp =（unsigned int）（（unsigned long）ad_value * 5000/256）;
            adc_to_disbuffer（temp）;
            display（ ）;
        }
        return 0;
    }
    //定时器 T0 中断程序
    void timer0_isr（ ）interrupt 1
    {
        CLK = ~ CLK;                             //产生 ADC0809 时钟
    }
```

相关知识点 >> 强制类型转换

强制类型转换是通过类型转换运算来实现的。其一般形式为

（类型说明符）（表达式）；

其功能是把表达式的运算结果强制转换成类型说明符所表示的类型。在上例程序中，
temp =（unsigned int）（（unsigned long）ad_value * 5000/256）;
就是要先把 ad_value 的值转换为无符号长整型，然后再和 5000 相乘，如果没有进行强制类型转换的话，就会溢出，产生错误。

在使用强制转换时应注意以下问题：

1）类型说明符和表达式都必须加括号（单个变量可以不加括号），例如：若把（int）(x+y) 写成（int）x+y，则成了把 x 转换成 int 型之后再与 y 相加了。

2）无论是强制转换或是自动转换，都只是为了本次运算的需要而对变量的数据长度进行的临时性转换，而不改变数据说明时对该变量定义的类型。

6.5.4 数字电压表的系统调试

1. 数字电压表程序的编译与调试

（1）数字电压表程序的编译　在 Keil μVision4 软件中新建工程文件并命名为"DigitalVoltage"，输入数字电压表 C51 源程序，以"DigitalVoltage.c"为文件名存盘。单击编译图标，即可生成"DigitalVoltage.hex"文件。

（2）数字电压表 Proteus 仿真

1）在 Proteus 仿真环境下画出数字电压表电路图。数字电压表硬件电路所需元器件见

表6-4。按图6-8画出硬件接线图,可省略动态扫描显示驱动电路,但必须对原程序位选线状态做适当调整。数字电压表仿真电路如图6-10所示,时钟电路和复位电路可忽略。

表6-4 数字电压表硬件电路所需元器件

元器件名	类	子类	参数	备注
AT89C51	Microprocessor ICs	8051 Family		代替AT89S51
ADC0808	Data Converters	A-D Converters		代替ADC0809
POT—HG	Resistors	Variable	10kΩ	可调电阻,模拟被测电压
7SEG—MPX4—CA	Optoelectronics	7—Segment Displays		四位一体共阳极数码管

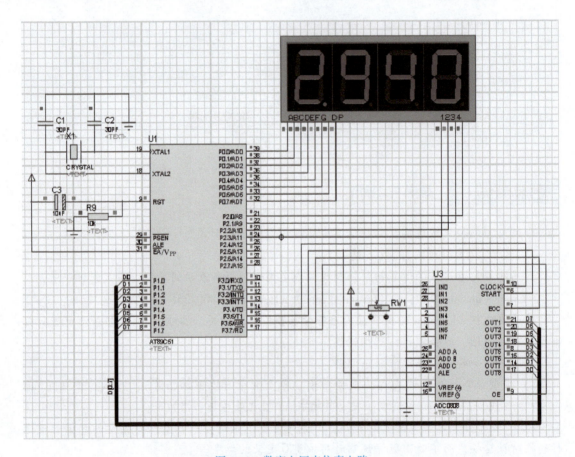

图6-10 数字电压表仿真电路

2)将"DigitalVoltage.hex"文件加入Proteus中,进行虚拟仿真。双击AT89C51单片机芯片,可打开元器件编辑对话框,选取目标代码文件"DigitalVoltage.hex"。在Proteus仿真界面中的仿真工具栏中单击按钮 ▶ ,启动全速仿真。用鼠标单击可调电阻两端的"+""-"控制点,观察LED数码管显示的数值。

2. 联机调试并下载程序

将已调试成功的数字电压表程序通过ISP下载线下载到硬件电路板上的单片机中,将下载线拔出,接通电源,观察结果。用标准电压表对端口电压进行测量,并与数码管显示值进行比对,若误差较大,可通过校正 ADC0809 的基准电压来解决,也可通过软件编程进行调整。

若下载不成功,则需检查单片机最小系统中的时钟电路和复位电路是否工作正常。

6.5.5 改进与提高

进一步完善数字电压表的功能,改进以下几点:

1) 可测量 8 路输入电压值,并在 LED 数码管上显示。
2) 显示方式为两种:单路显示及循环显示,可使用按键进行方式切换及通道选择。

习 题

一、填空题

1. AT89S51 单片机与外部 I/O 口相连的系统总线包括_____、_____、_____3 类信号线。
2. 12 根地址线可选_____个存储单元,32KB 存储单元需要_____根地址线。
3. A-D 转换器的作用是将_____量转换为_____量,从输入模拟量到输出稳定的数字量的时间间隔是 A-D 转换器的技术指标之一,称为_____。
4. ADC0809 的_____引脚用于表示 A-D 转换已结束。

二、选择题

1. 在 AT89S51 单片机外扩展存储器芯片时,4 个 I/O 口中用作地址总线的是( )。
 (A) P0 口   (B) P0 和 P2 口   (C) P2 和 P3 口   (D) P2 口
2. 访问片外数据存储器时,不起作用的信号是( )。
 (A) RD   (B) WR   (C) PSEN   (D) ALE
3. 20 根地址线的寻址范围可达( )。
 (A) 512KB   (B) 1024KB   (C) 640KB   (D) 4096KB

三、编程应用题

1. 利用 ADC0809 在单片机的 P3.0 口实现占空比为 0~100% 可调的 PWM 方波信号。
2. 利用 ADC0809 设计一台简易电子秤,测量范围为 0~3kg。

项目 7 D-A 转换器的应用

本项目通过设计与制作低频信号发生器的工作任务，详细介绍了单片机的数-模（D-A）转换芯片 DAC0832 的基本结构及使用方法。

知识目标	技能目标
1）掌握 D-A 转换的基本知识	1）掌握数-模转换芯片的程序调试方法
2）掌握 DAC0832 与单片机的硬件连接	2）掌握 D-A 转换器硬件电路的调试方法
3）掌握 D-A 转换器的程序设计方法	

7.1 D-A 转换的基本知识

在使用单片机对一些外部设备（如电磁阀、电动机等）进行连续可调的控制时，应该将单片机直接输出的数字量转换成模拟量驱动外部设备，数字量转换成模拟量的过程称为数-模转换（D-A 转换）。实现 D-A 转换的器件称为数-模转换器（D-A 转换器）。

7.1.1 D-A 转换的工作原理

D-A 转换的基本原理是用电阻解码网络将 N 位数字量逐位转换成模拟量并求和，D-A 转换器的基本结构如图 7-1 所示。

图 7-1 D-A 转换器的基本结构

在进行转换时，首先将单片机输出的数字信号传递到数据寄存器中，然后由模拟电子开关把数字信号的高低电平变成对应的电子开关状态。当数字量某位为"1"时，电子开关将基准电压 U_R 接入电阻解码网络的相应支路；为"0"时，则将该支路接地。各支路的电流信号经过电阻解码网络加权后，由运算放大器求和并转换成电压信号，作为 D-A 转换器的输出。

D-A 电阻解码网络通常由 T 形电阻网络构成，关于电阻解码网络的工作原理请参考相关资料。

由于数字量的不连续性，同时 D-A 转换器进行转换及单片机输出数据都需要一定的时间，因此输出的模拟量随时间变化的曲线是呈阶梯状不连续的曲线，如图 7-2 所示。

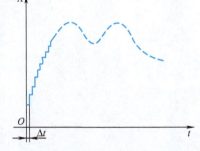

图 7-2 D-A 转换器的输出曲线

图中,时间坐标的最小分度 Δt 是相邻两次输出数据的时间间隔,如果 Δt 较小,曲线的台阶较密,就可以近似认为 D-A 转换后的输出电压或电流是连续的。

7.1.2 D-A 转换器的性能指标

(1)分辨率 分辨率是指 D-A 转换器输出模拟量的最小变化量,常用输入数字量的位数来描述。如果 D-A 转换器输入的数字量位数为 n,则它的分辨率为 $1/2^n$,输入数字量位数越多,输出模拟量的最小变化量就越小。

(2)建立时间 建立时间是从输入数字量到转换为模拟量输出所需的时间,用于反映 D-A 转换器的转换速度,一般电流型 D-A 转换器的转换速度比电压型 D-A 转换器快。

(3)转换误差 转换误差是指在 D-A 转换器的转换范围内,输入数字量对应的模拟量实际输出值与理论值之间的最大误差,主要包括失调误差、增益误差和非线性误差等。

7.2 8 位 D-A 转换器 DAC0832

D-A 转换器的种类很多,按照输入数字量的位数可分为 8 位、10 位、12 位和 16 位等转换器;按照输入数字量的数码形式可分为二进制码和 BCD 码等转换器;按传输数字量的方式可分为并行和串行转换器;按输出方式可分为电流输出型和电压输出型转换器;按工作原理可分为 T 形电阻网络型和权电流型转换器。这里介绍目前使用较为普遍的 8 位 D-A 转换器 DAC0832 及接口电路。

DAC0832 是电流输出型转换器,可外接运算放大器转换为电压输出,转换控制方便,价格低廉,应用非常广泛。

7.2.1 DAC0832 的内部结构及引脚

DAC0832 的内部结构如图 7-3 所示。它由 8 位输入锁存器、8 位 DAC 寄存器、8 位 D-A 转换器和转换控制电路构成,输入锁存器和 DAC 寄存器构成两级数据输入缓存,通过转换控制电路实现双缓冲、单缓冲或直通 3 种工作方式。DAC0832 采用 20 脚双列直插式封装,其引脚排列如图 7-4 所示。

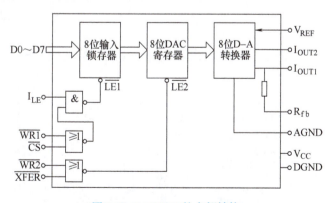

图 7-3 DAC0832 的内部结构

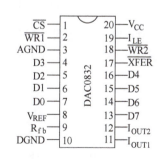

图 7-4 DAC0832 的引脚排列

DAC0832 各引脚的功能如下。

1) D0 ~ D7:8 位数字量输入端。

2）I_{OUT1}、I_{OUT2}：电流输出引脚端，电流 I_{OUT1} 与 I_{OUT2} 的和为常数。

3）$\overline{CS}$：片选信号端，低电平有效。

4）I_{LE}：允许锁存信号端，高电平有效。

5）$\overline{WR1}$：写信号1端，低电平有效。当 $\overline{WR1}$、$\overline{CS}$、I_{LE} 均为有效时，将数据写入输入锁存器。

6）$\overline{WR2}$：写信号2端，低电平有效。

7）$\overline{XFER}$：数据传送控制信号端，低电平有效。当 $\overline{WR2}$、$\overline{XFER}$ 有效时，将数据由输入锁存器送入 DAC 寄存器。

8）V_{REF}：基准电压输入端，可在 −10 ~ +10V 内调节。

9）R_{fb}：反馈信号输入端，当采用电压输出时，可作为外部运算放大器的反馈电阻端。

10）V_{CC}：数字电源输入引脚端，+5 ~ +15V。

11）DGND、AGND：分别为数字地和模拟地。

7.2.2 DAC0832 的工作方式

DAC0832 内部有输入锁存器和 DAC 寄存器两个缓冲器，由这两个缓冲器的状态可使 DAC0832 工作在单缓冲、双缓冲和直通3种方式下。

单缓冲方式是将输入锁存器或 DAC 寄存器的任意一个置于直通方式而另一个受 CPU 控制，当数字量送入时只经过一级缓冲就进入 D-A 转换器进行转换，这种方式适用于只有一路模拟量输出或有几路模拟量输出但不要求同步的系统。

双缓冲方式是输入锁存器和 DAC 寄存器分别受 CPU 控制，数字量的输入锁存和 D-A 转换分两步完成。当数字量被写入输入锁存器后并不马上进行 D-A 转换，而是当 CPU 向 DAC 寄存器发出有效控制信号时，才将数据送入 DAC 寄存器进行 D-A 转换，这种工作方式适用于多路模拟量同步输出的场合。

直通方式将输入锁存器和 DAC 寄存器的有关控制信号都置为有效状态，当数字量送到数据输入端时，不经过任何缓冲立即进入 D-A 转换器进行转换。

7.2.3 DAC0832 的输出方式

DAC0832 的输出方式为电流输出型，若需要电压输出可使用运算放大器构成单极性输出或双极性输出，如图 7-5 所示。

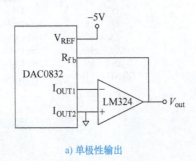
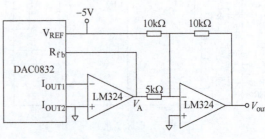

a) 单极性输出　　　　　　　　　　　　　　b) 双极性输出

图 7-5　DAC0832 的电压输出电路

图中，若参考电压 V_{REF} 为 $-5V$，则单极性输出电路中电压 $V_{out} = 0 \sim 5V$；双极性输出电路中电压 $V_A = 0 \sim 5V$，$V_{out} = -5 \sim 5V$。

7.3 单片机与 D-A 转换器接口电路及程序设计

7.3.1 单缓冲工作方式

图 7-6 所示为 DAC0832 采用单缓冲方式与 AT89S51 单片机的接口电路，允许锁存信号端 I_{LE} 接 +5V，片选信号端 $\overline{CS}$ 与单片机地址线 P2.7 相连，数据传送控制信号端 $\overline{XFER}$ 和写信号端 $\overline{WR2}$ 接地，写信号端 $\overline{WR1}$ 与单片机的写信号端 $\overline{WR}$ 相连。输入锁存器地址为 7FFFH，DAC 寄存器处于直通方式，CPU 对 DAC0832 执行一次写操作，就控制输入锁存器打开，将数据送入 D-A 转换器进行转换。

【例 7-1】 利用图 7-6 所示电路，在输出端产生锯齿波信号 V_{out}。

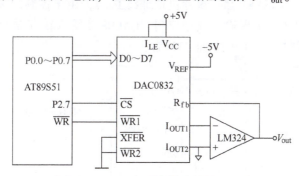

图 7-6 DAC0832 单缓冲方式接口电路

参考程序如下：

```c
#include <reg51.h>
#include <absacc.h>
#define DAC0832 XBYTE[0x7FFF]
//1ms 延时函数
void delayms (unsigned int i)
{
    unsigned int j;
    for (; i! = 0; i--)
    {
        for (j = 0; j < 123; j++);
    }
}
//主程序
main ()
{
    unsigned int i;
```

```
    while (1)
    {
        for (i = 0; i <= 255; i++)
        {
            DAC0832 = i;
            delayms (1);
        }
    }
}
```

7.3.2 双缓冲工作方式

图 7-7 所示为一个两路模拟量同步输出的 D-A 转换电路。DAC0832 的数据线连接到单片机 P0 口；允许锁存信号端 I_{LE} 接 +5V；两个写信号端 $\overline{WR1}$ 和 $\overline{WR2}$ 都接单片机的写信号端 $\overline{WR}$；数据传送控制信号端 $\overline{XFER}$ 都接单片机地址线 P2.7，用于控制同步转换输出；$\overline{CS}$ 端分别接单片机 P2.5 和 P2.6，实现输入锁存控制。DAC0832 输入锁存器的地址分别为 DFFFH 和 BFFFH，DAC 寄存器具有相同的地址 7FFFH。

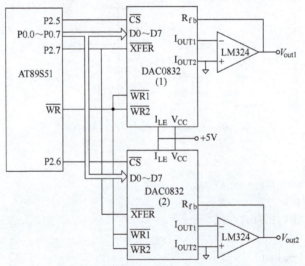

图 7-7　DAC0832 双缓冲方式接口电路

【例 7-2】　利用图 7-7 所示电路实现两路模拟量同步输出。
参考程序如下：

```
#include <reg51.h>
#include <absacc.h>
#define DAC0832_1 XBYTE [0xDFFF]
#define DAC0832_2 XBYTE [0xBFFF]
#define DAC XBYTE [0x7FFF]
  ⋮
main ( )
```

项目7 D-A转换器的应用

```
    {
        unsigned int i, j;
        while (1)
        {
            for (i=0; i<=255; i++)
            {
                DAC0832_1 = data1;    //将data1送DAC0832 (1) 输入锁存器
                DAC0832_2 = data2;    //将data2送DAC0832 (2) 输入锁存器
                DAC = i;              //启动两路数据同步转换输出
                ⋮
            }
        }
```

7.4 低频信号发生器的设计与制作

7.4.1 工作任务

低频信号发生器是一种常用的信号源,是各种电子电路实验及设备检测中必不可少的仪器设备之一,其外形如图7-8所示。

本工作任务是设计一个简易的低频信号发生器,要求能输出0.1~50Hz的正弦波、三角波和方波信号,其中正弦波和三角波信号可用按键选择输出,频率可通过加减键调节。

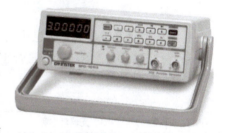

图7-8 低频信号发生器外形

由于输出信号的频率较低,可使用单片机作为控制器产生各种波形。对于方波,可以直接由AT89S51单片机的端口输出,而正弦波和三角波可以由DAC0832进行转换实现。

7.4.2 低频信号发生器的硬件制作

1. 硬件电路图

低频信号发生器的硬件电路由单片机最小系统、DAC0832波形发生电路和功能选择电路构成,如图7-9所示。DAC0832波形发生电路是由DAC0832及LM324组成的单极性输出电路;低频信号发生器波形选择及频率选择由S1、S2、S3三个按键完成,其中,S1为频率增加键,S2为频率减小键,S3为正弦波和三角波切换键。

2. 焊接硬件电路

准备好元器件及焊接测试用工具(电烙铁、焊锡丝、松香、吸锡器、斜口钳、镊子及万用表)后,即可制作硬件电路,元器件清单见表7-1。

认识并准备元器件,根据图7-9焊接硬件电路,注意DAC0832各引脚不要接错。

3. 测试硬件电路

低频信号发生器硬件电路测试可按以下步骤进行:

155

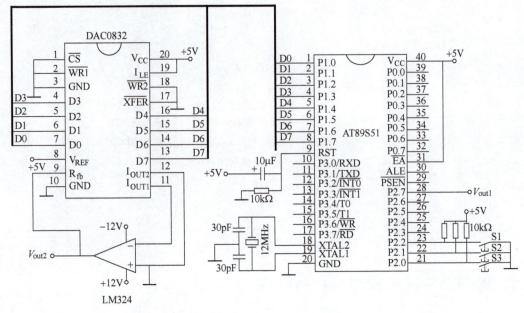

图 7-9　低频信号发生器硬件电路

1）测试最小系统电路是否工作正常。

2）测量 DAC0832 电路接线是否正确，可编写简单的 D-A 转换程序测试 DAC0832 是否工作正常。

表 7-1　元器件清单

序　号	元器件名称	规　格	数　量
1	51 单片机最小系统		1 套
2	D-A 转换器	DAC0832	1 个
3	上拉电阻	10kΩ	3 个
4	按键	四爪轻触按键	3 个
5	放大器	LM324	1 个

7.4.3　低频信号发生器的软件设计

低频信号发生器由主程序、定时器中断程序等部分组成。主程序主要有初始化、键盘扫描及频率值修改等功能。初始化程序进行定时器初值、中断允许等的设置。键盘扫描程序主要对 3 个按键进行检测，以判断是否要进行频率调整及波形调整。频率值修改程序主要进行定时器定时值的加减操作。主程序流程图如图 7-10a 所示。

定时器中断程序主要进行方波、正弦波及三角波的输出。对于方波的输出，可以直接在定时器溢出中断时，对输出端口取反实现。对于正弦波和三角波，一个周期中各点的值是不断变化的，而正弦波的各点变化不能用简单的算法实现，因此，为了避免复杂的程序设计算法，设计了正弦波和三角波的波形数据表。它将一个周期的正弦波或三角波平均分解为 256 个数据点，在进行波形输出时，将波形数据表中的值依次查出，并送入 DAC0832 中进行转换，从而得到正弦波或三角波，中断程序流程图如图 7-10b 所示。

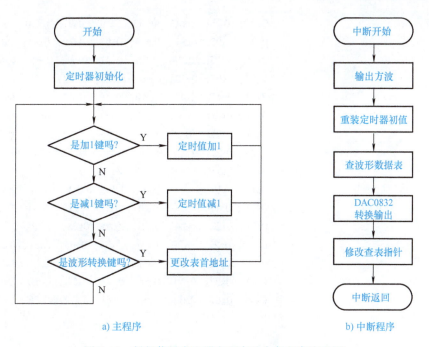

图 7-10 低频信号发生器主程序及中断程序流程图

参考程序如下：

```
#include <reg51.h>

sbit P2_0 = P2^0;
sbit P2_1 = P2^1;
sbit P2_2 = P2^2;
sbit P2_7 = P2^7;
sbit P1_7 = P1^7;
//正弦波码表
unsigned char code sin_tab [256] = {0x80, 0x83, 0x85, 0x88, 0x8A, 0x8D, 0x8F, 0x92, 0x94,
                    0x97, 0x99, 0x9B, 0x9E, 0xA0, 0xA3, 0xA5, 0xA7, 0xAA,
                    0xAC, 0xAE, 0xB1, 0xB3, 0xB5, 0xB7, 0xB9, 0xBB,
                    0xBD, 0xBF, 0xC1, 0xC3, 0xC5, 0xC7, 0xC9, 0xCB,
                    0xCC, 0xCE, 0xD0, 0xD1, 0xD3, 0xD4, 0xD6, 0xD7,
                    0xD8, 0xDA, 0xDB, 0xDC, 0xDD, 0xDE, 0xDF, 0xE0,
                    0xE1, 0xE2, 0xE3, 0xE3, 0xE4, 0xE4, 0xE5, 0xE5, 0xE6,
                    0xE6, 0xE7, 0xE7, 0xE7, 0xE7, 0xE7, 0xE7, 0xE7, 0xE7,
                    0xE6, 0xE6, 0xE5, 0xE5, 0xE4, 0xE4, 0xE3, 0xE3, 0xE2,
                    0xE1, 0xE0, 0xDF, 0xDE, 0xDD, 0xDC, 0xDB, 0xDA,
                    0xD8, 0xD7, 0xD6, 0xD4, 0xD3, 0xD1, 0xD0, 0xCE,
                    0xCC, 0xCB, 0xC9, 0xC7, 0xC5, 0xC3, 0xC1, 0xBF,
                    0xBD, 0xBB, 0xB9, 0xB7, 0xB5, 0xB3, 0xB1, 0xAE, 0xAC,
```

0xAA, 0xA7, 0xA5, 0xA3, 0xA0, 0x9E, 0x9B, 0x99, 0x97,
0x94, 0x92, 0x8F, 0x8D, 0x8A, 0x88, 0x85, 0x83, 0x80,
0x7D, 0x7B, 0x78, 0x76, 0x73, 0x71, 0x6E, 0x6C, 0x69,
0x67, 0x65, 0x62, 0x60, 0x5D, 0x5B, 0x59, 0x56, 0x54,
0x52, 0x4F, 0x4D, 0x4B, 0x49, 0x47, 0x45, 0x43, 0x41,
0x3F, 0x3D, 0x3B, 0x39, 0x37, 0x35, 0x34, 0x32, 0x30,
0x2F, 0x2D, 0x2C, 0x2A, 0x29, 0x28, 0x26, 0x25, 0x24,
0x23, 0x22, 0x21, 0x20, 0x1F, 0x1E, 0x1D, 0x1D, 0x1C,
0x1C, 0x1B, 0x1B, 0x1A, 0x1A, 0x1A, 0x19, 0x19, 0x19,
0x19, 0x19, 0x19, 0x19, 0x19, 0x1A, 0x1A, 0x1A, 0x1B,
0x1B, 0x1C, 0x1C, 0x1D, 0x1D, 0x1E, 0x1F, 0x20, 0x21,
0x22, 0x23, 0x24, 0x25, 0x26, 0x28, 0x29, 0x2A, 0x2C,
0x2D, 0x2F, 0x30, 0x32, 0x34, 0x35, 0x37, 0x39, 0x3B,
0x3D, 0x3F, 0x41, 0x43, 0x45, 0x47, 0x49, 0x4B, 0x4D,
0x4F, 0x52, 0x54, 0x56, 0x59, 0x5B, 0x5D, 0x60, 0x62,
0x65, 0x67, 0x69, 0x6C, 0x6E, 0x71, 0x73, 0x76, 0x78,
0x7B, 0x7D};

//三角波码表
unsigned char code Triangle_tab [256] = {0x80, 0x81, 0x82, 0x83, 0x84, 0x85, 0x86, 0x87,
0x88, 0x89, 0x8A, 0x8B, 0x8C, 0x8D, 0x8E, 0x8F,
0x90, 0x91, 0x92, 0x93, 0x94, 0x95, 0x96, 0x97,
0x98, 0x99, 0x9A, 0x9B, 0x9C, 0x9D, 0x9E, 0x9F,
0xA0, 0xA1, 0xA2, 0xA3, 0xA4, 0xA5, 0xA6, 0xA7,
0xA8, 0xA9, 0xAA, 0xAB, 0xAC, 0xAD, 0xAE,
0xAF, 0xB0, 0xB1, 0xB2, 0xB3, 0xB4, 0xB5, 0xB6,
0xB7, 0xB8, 0xB9, 0xBA, 0xBB, 0xBC, 0xBD,
0xBE, 0xBF, 0xBF, 0xBE, 0xBD, 0xBC, 0xBB,
0xBA, 0xB9, 0xB8, 0xB7, 0xB6, 0xB5, 0xB4, 0xB3,
0xB2, 0xB1, 0xB0, 0xAF, 0xAE, 0xAD, 0xAC,
0xAB, 0xAA, 0xA9, 0xA8, 0xA7, 0xA6, 0xA5,
0xA4, 0xA3, 0xA2, 0xA1, 0xA0, 0x9F, 0x9E, 0x9D,
0x9C, 0x9B, 0x9A, 0x99, 0x98, 0x97, 0x96, 0x95,
0x94, 0x93, 0x92, 0x91, 0x90, 0x8F, 0x8E, 0x8D,
0x8C, 0x8B, 0x8A, 0x89, 0x88, 0x87, 0x86, 0x85,
0x84, 0x83, 0x82, 0x81, 0x80, 0x7F, 0x7E, 0x7D,
0x7C, 0x7B, 0x7A, 0x79, 0x78, 0x77, 0x76, 0x75,
0x74, 0x73, 0x72, 0x71, 0x70, 0x6F, 0x6E, 0x6D,
0x6C, 0x6B, 0x6A, 0x69, 0x68, 0x67, 0x66, 0x65,
0x64, 0x63, 0x62, 0x61, 0x60, 0x5F, 0x5E, 0x5D,
0x5C, 0x5B, 0x5A, 0x59, 0x58, 0x57, 0x56, 0x55,
0x54, 0x53, 0x52, 0x51, 0x50, 0x4F, 0x4E, 0x4D,
0x4C, 0x4B, 0x4A, 0x49, 0x48, 0x47, 0x46, 0x45,
0x44, 0x43, 0x42, 0x41, 0x40, 0x40, 0x41, 0x42,

```
                        0x43, 0x44, 0x45, 0x46, 0x47, 0x48, 0x49, 0x4A,
                        0x4B, 0x4C, 0x4D, 0x4E, 0x4F, 0x50, 0x51, 0x52,
                        0x53, 0x54, 0x55, 0x56, 0x57, 0x58, 0x59, 0x5A,
                        0x5B, 0x5C, 0x5D, 0x5E, 0x5F, 0x60, 0x61, 0x62,
                        0x63, 0x64, 0x65, 0x66, 0x67, 0x68, 0x69, 0x6A,
                        0x6B, 0x6C, 0x6D, 0x6E, 0x6F, 0x70, 0x71, 0x72,
                        0x73, 0x74, 0x75, 0x76, 0x77, 0x78, 0x79, 0x7A,
                        0x7B, 0x7C, 0x7D, 0x7E, 0x7F};

unsigned char TH0D = 0xFF;
unsigned char TL0D = 0x00;
unsigned char index = 0;
unsigned char * ptr;
//1ms 延时程序
void delayms (unsigned int i)
{
    unsigned int j;
    for (; i! = 0; i--)
    {
        for (j = 0; j < 123; j++);
    }
}
//定时器 0 初始化程序
void timer0_init (void)
{
    TMOD = 0x11;
    TH0 = TH0D;
    TL0 = TL0D;
    ET0 = 1;
    EA = 1;
    TR0 = 1;
}
//定时器 T0 中断程序
void timer0_isr (void) interrupt 1 using 0
{
    P2_7 = ~ P2_7;
    TH0 = TH0D;
    TL0 = TL0D;
    P1 = ptr [index];
    index ++;
}
//主程序
```

```
int main (void)
{
    timer0_init ();
    ptr = sin_tab;
    while (1)
    {
        if (!P2_0)
        {
            delayms (10);
            if (!P2_0) TL0D++;
        }
        else if (!P2_1)
        {
            delayms (10);
            if (!P2_1) TL0D--;
        }
        else if (!P2_2)
        {
            ptr = Triangle_tab;
        }
        else
        {
            ptr = sin_tab;
        }
    }
    return 0;
}
```

7.4.4 低频信号发生器的系统调试

1. 低频信号发生器的编译与调试

（1）低频信号发生器程序的编译　在 Keil μVision 软件中新建工程文件并命名为"Signal Generator"，输入低频信号发生器 C51 源程序，以"Signal Generator.c"为文件名存盘。单击编译图标，即可生成"Signal Generator.hex"文件。

表 7-2　低频信号发生器硬件电路所需元器件

元器件名	类	子类	参数	备注
AT89C51	Microprocessor ICs	8051 Family		代替 AT89S51
DAC0832	Data Converters	D-A Converters		
LM324	Operational Amplifiers	Quad	OPAMP	
BUTTON	Switches & Relays	Switches		

（2）低频信号发生器 Proteus 仿真

1）在 Proteus 仿真环境下画出低频信号发生器电路图。低频信号发生器硬件电路所需元器件见表 7-2。

按图 7-9 画出硬件接线图，可省略按键的上拉电阻、时钟电路和复位电路。为了观察波形，在 Proteus 仿真界面中选择虚拟仪器模型" "图标下的"OSCILLOSCOPE"（示波器），如图 7-11 所示。将方波输出引脚 P2.7 及 DAC0832 单缓冲输出电路信号端 LM324 的 1 脚接入模拟示波器的输入信号端，如图 7-12 所示。

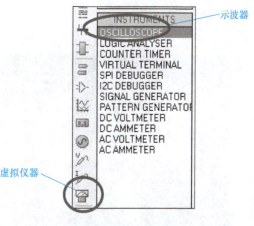

图 7-11　示波器选择

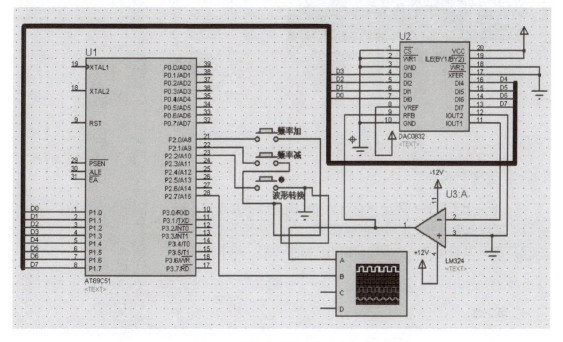

图 7-12　低频信号发生器仿真电路

2）将"Signal Generator.hex"文件加入 Proteus 中，进行虚拟仿真。双击 AT89C51 单片机芯片，可打开元器件编辑对话框，选取目标代码文件"Signal Generator.hex"。在 Proteus 仿真界面中的仿真工具栏中单击按钮 ▶ ，启动全速仿真。用鼠标单击"频率加""频率减"和"波形转换"按键，观察模拟示波器显示的波形变化情况，如图 7-13 所示。

2. 联机调试并下载程序

将已调试成功的低频信号发生器程序通过 ISP 下载线下载到硬件电路板上的单片机中，将下载线拔出，接通电源，用示波器观察波形，并调整频率及波形。

若下载不成功，则需检查单片机最小系统中的时钟电路和复位电路是否工作正常。

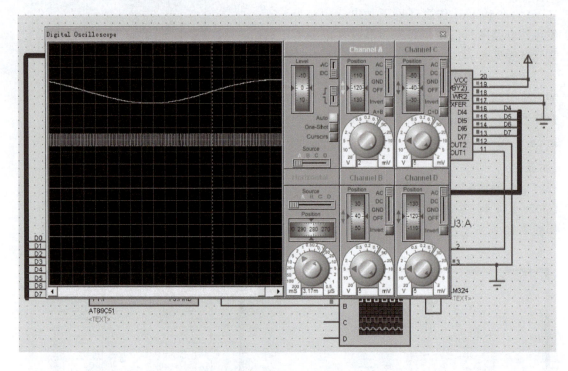

图 7-13 低频信号发生器仿真效果

7.4.5 改进与提高

进一步完善低频信号发生器设计方案,改进以下几点:

1) 实现低频信号发生器的调幅功能。
2) 在 LCD 显示屏上显示当前输出的波形类别、频率和幅值。

习　题

一、填空题

1. D-A 转换器的作用是将_____量转为_____量,从输入数字量到转换为模拟量输出所需的时间是 D-A 转换器的技术指标之一,称为_____。

2. 若某 8 位 D-A 转换器的输出满刻度电压为 +5V,则该 D-A 转换器的分辨率为_____V。

3. 已知 D-A 转换电路中,当输入数字量为 10000000 时,输出电压为 6.4V,则当输入为 01010000 时,其输出电压为_____V。

4. DAC0832 可实现_____、_____、_____3 种工作方式。

二、选择题

1. DAC0832 是 (　　) D-A 转换芯片。

(A) 10 位　　　　　　　　　　(B) 12 位

(C) 8 位　　　　　　　　　　(D) 可以设置为以上任意一种

2. 当 DAC0832 的 $\overline{CS}$ 接 AT89S51 单片机的 P2.0 时,程序中的 DAC0832 的地址为 (　　)。

(A) 0832H　　　　　　　　　　(B) FE00H

（C）FEF8H　　　　　　　　　（D）以上 3 种都可以

3. DAC0832 是（　　）型 D-A 转换芯片。

（A）电流输出　　　　　　　　（B）电压输出

（C）频率输出　　　　　　　　（D）电压、电流输出均可

三、编程应用题

1. 用一片 DAC0832 与 AT89S51 单片机连接，设计简易数控电源，通过"＋""－"两个按键来控制电压的升降，实现输出电源电压可调。参考电路如图 7-14 所示。

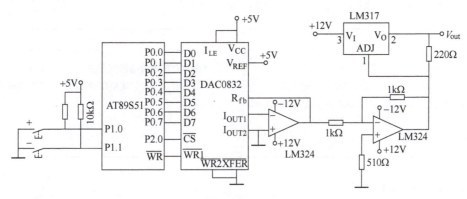

图 7-14　简易数控电源参考电路

2. 在上题基础上设计可显示电压值的数控电源。（结合数字电压表的相关内容进行设计）

3. 设计一个直流电动机调速控制系统，实现直流电动机的加速、减速控制。可采用 DAC0832 输出不同的模拟电压实现调速控制，也可采用 PWM（脉冲宽度调制）控制实现。

项目 8　串行总线扩展技术的应用

本项目通过设计与制作数字温度计的工作任务，详细介绍了 I^2C 总线、SPI 总线及单总线的工作原理及各典型器件的使用方法及编程方法。

知识目标	技能目标
1）了解常用单片机的串行扩展方式 2）掌握 I^2C 总线、SPI 总线及单总线的使用方法 3）掌握 AT24C×× 、TLC549、TLC5615 及 DS18B20 等典型器件的编程方法 4）掌握单片机应用系统的设计方法	1）掌握单片机系统的调试方法 2）掌握单片机串行扩展电路的各种连接方法及编程方法

8.1　I^2C 总线的应用

8.1.1　I^2C 总线概述

单片机应用系统中使用的串行扩展方式主要有 Philips 公司的 I^2C（Inter IC）总线、Motorola 公司的 SPI（Serial Peripheral Interface）串行外设接口和 Dallas 公司的单总线（1-Wire）。

I^2C 总线是由 Philips 公司推出的一种双向二线制串行传输总线。它具有控制方式简单灵活、器件体积小、通信速率高及功耗低等特点。I^2C 总线允许接入多个器件，如 A-D 及 D-A 转换器、存储器等。总线上的器件既可作为发送器，也可作为接收器，并按照一定的通信协议进行数据交换。在每次数据交换开始时，作为主控器的器件需要通过总线竞争获得主控权。每个器件都具有唯一的地址，各器件间通过寻址确定接收方。

目前，很多单片机内部都集成了 I^2C 总线接口，对 AT89S51 单片机而言，内部没有集成 I^2C 总线接口，但可以通过软件实现 I^2C 总线的通信。

I^2C 总线是由串行数据线 SDA 和串行时钟线 SCL 构成的总线，可以发送和接收数据。在 CPU 和被控制器件间双向传送数据，最高传送速率为 400kbit/s。SDA 是双向串行数据线，用于地址、数据的输入和数据的输出，使用时需加上拉电阻。SCL 是串行时钟线，为器件数据传输提供同步时钟信号。

I^2C 总线的通信协议可简述如下：

当总线处于等待状态时，串行数据线 SDA 和串行时钟线 SCL 都必须保持高电平状态。

当 SCL 保持高电平，且 SDA 出现由高变低的变化时，为 I^2C 总线工作的起始信号，此时 I^2C 被启动。当 SCL 为高电平，且 SDA 由低变高时，为 I^2C 总线的停止信号，此时 I^2C 总线停止数据传送。SDA 上的数据在 SCL 高电平时必须稳定，在 SCL 低电平时才允许变化。

在 I^2C 总线启动后，送出的第一个字节数据是用来选择从器件地址的，其中前 7 位为地址码,第 8 位为方式位($R/\overline{W}$)。方式位为"0"表示发送,即 CPU 把信息写到所选择的接口或存储器;方式位为"1"表示 CPU 将从接口或存储器读信息。在系统发出开始信号后,系统中的各个器件将自己的地址和 CPU 发送到总线上的地址进行比较,如果器件的地址与 CPU 发送到总线上的地址一致,则该器件即为被 CPU 寻址的器件,其接收信息还是发送信息则由方式位($R/\overline{W}$)确定。

在 I^2C 总线上以字节为单位进行传送,每次先传送最高位,先传送的数据字节数不限。在每个被传送的字节后面,接收器都必须发一位应答位(ACK),总线上第 9 个时钟脉冲对应应答位,数据线上低电平为应答信号,高电平为非应答信号。待发送器确认后,再发下一个数据。数据格式见表 8-1。

表 8-1 数据格式

起始位	从器件地址	$R/\overline{W}$	ACK	数据	ACK	数据	ACK	…	停止位

8.1.2 AT24C×× 系列存储器的使用

串行 E^2PROM 是可以电擦除和电写入的存储器,具有体积小、接口简单、数据保存可靠、可在线改写及功耗低等特点,常用于单片机应用系统掉电时对一些重要的数据进行保存。

AT24C×× 系列 E^2PROM 是典型的 I^2C 总线接口器件。它具有功耗低、工作电压宽(1.8~5.5V)、擦写次数多(大于 10000 次)、写入速度快(小于 10ms)及硬件写保护等特点。

图 8-1 为 AT24C×× 器件的引脚排列。其中,A0、A1、A2 是 3 条地址线引脚,用于确定从器件的地址。V_{CC} 和 V_{SS} 分别是正、负电源引脚。SDA 为串行数据输入/输出引脚,数据通过这条双向 I^2C 总线串行传送。SCL 为串行时钟输入线引脚。WP 为写保护控制端,接"0"允许写入,接"1"禁止写入。

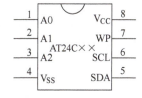

图 8-1 AT24C×× 器件引脚排列

当 I^2C 总线产生开始信号后,主控器件首先发出控制字节,用于选择从器件并控制总线的传送方向。其结构见表 8-2。

表 8-2 I^2C 总线控制字节结构

1	0	1	0	A2	A1	A0	$R/\overline{W}$
I^2C 从器件类型标识符				片选或块选			读/写控制位

I^2C 总线的控制字节的高 4 位是器件类型标识符,AT24C×× 的器件类型标识符是 1010,由 Philips 公司的 I^2C 通信协议所决定,表示从器件为串行 E^2PROM。接着的 3 位是由 A2、A1、A0 决定的器件地址,这 3 位受不同的电平控制,可实现在一个系统中扩展多片串行 E^2PROM 芯片。控制字节的 A2、A1、A0 的选择必须与外部 A2、A1、A0 引脚的硬件连接或内部选择相匹配,若需对器件做出选择,则可将 A2、A1、A0 引脚接高电平或低电平。最低位是读/写控制位 $R/\overline{W}$,"0"表示下一字节进行写操作,"1"表示下一字节进行读操作。

当主控器件产生控制字节并检测到应答信号后,总线上将传送相应的字节地址或数据信息。

1. 起始信号、停止信号和应答信号

（1）起始信号　当 SCL 处于高电平时，SDA 从高到低的跳变作为 I²C 总线的起始信号，起始信号应在读/写命令之前发出。

（2）停止信号　当 SCL 处于高电平时，SDA 从低到高的跳变作为 I²C 总线的停止信号，表示一种操作的结束。

（3）应答信号　I²C 总线上的数据和地址都是以 8 位串行信号传送的。在接收一个字节后，接收器件必须产生一个应答信号（ACK），主控器件必须产生一个与此应答信号相应的额外时钟脉冲。在此时钟脉冲的高电平期间，拉 SDA 线为稳定的低电平，作为应答信号（ACK）。若不在从器件输出的最后一个字节中产生应答信号，则主控器件必须给从器件发一个数据结束信号。在这种情况下，从器件必须保持 SDA 为高电平（用 $\overline{ACK}$ 表示），使得主控器件能产生停止信号。起始信号、停止信号及应答信号的时序如图 8-2 所示。

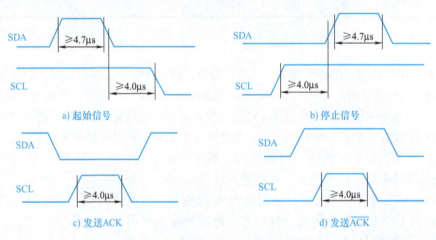

图 8-2　I²C 总线上起始信号、停止信号及应答信号的时序

2. 写操作

AT24C×× 的写操作有字节写操作和页面写操作两种。

（1）字节写操作　在主控器件单片机送出起始位后，接着发送写控制字节，即 <u>1010A2A1A0 0</u>，指示从器件被寻址。当主控器件接收到来自从器件 AT24C×× 的应答信号（ACK）后，将发送待写入的字节地址到 AT24C×× 的地址指针。主控器件再次接收到来自 AT24C×× 的应答信号（ACK）后，将发送数据字节写入存储器的指定地址中。当主控器件再次收到应答信号（ACK）后，产生停止位，结束一个字节的写入。**注意**：写完一个字节后必须要有 5ms 的延时。AT24C×× 字节写时序如图 8-3 所示。

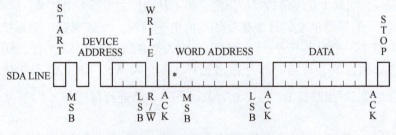

图 8-3　AT24C×× 字节写时序

(2) 页面写操作　AT24C××允许多个字节顺序写入，称为页面写操作。页面写操作和字节写操作类似，只是主控器件在完成第一个数据传送之后，不发送停止信号，而是继续发送待写入的数据。页面写操作是先将写控制字节、字节地址发送到AT24C××，接着发 x 个数据字节。主控器件可发送不多于一个页面的数据字节到AT24C××，这些数据字节暂存在片内页面缓存器中，在主控器件发送停止信息以后再写入存储器。存储器接收到每一字节以后，低位顺序地址指针在内部加1，高位顺序字节地址保持为常数。如果主控器件在产生停止信号以前发送了多于一页的数据字节，地址计数器将会循环归0，并且先接收到的数据将被覆盖。像字节写操作一样，一旦接收到停止信号，则开始内部写周期（5ms）。AT24C××页面写时序如图8-4所示。

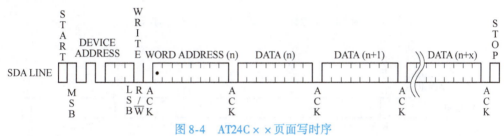

图8-4　AT24C××页面写时序

3. 读操作

当从器件地址的 R/$\overline{W}$ 位被置为1时，启动读操作。AT24C××系列的读操作有3种类型：读当前地址内容、读指定地址内容和读顺序地址内容。

(1) 读当前地址内容　AT24C××芯片内部有一个地址计数器，此计数器保持被存取的最后一个数据的地址，并自动加1。因此，如果以前读/写操作的地址为 N，则下一个读操作是从 N+1 中读出数据。在接收到从器件的地址中 R/$\overline{W}$ 位为1的情况下，AT24C××发送一个应答信号（ACK），并且送出8位数据字节后，主器件将不产生应答信号（相当于产生 NO ACK），但产生一个停止条件，AT24C××不再发送数据。AT24C××读当前地址内容的时序如图8-5所示。

(2) 读指定地址内容　首先主控器件给出一个起始信号（START），然后发出从器件地址<u>1010</u>　<u>A2A1A0</u>　0（最低位置0），再发需要读的存储器地址；在收到从器件的应答信号（ACK）后，产生一个开始信号（START），以结束上述写过程；再发一个读控制字节<u>1010</u>　<u>A2A1A0</u>　1，从器件 AT24C××再发 ACK 信号后发出8位数据，在接收数据以后，主控器件发$\overline{ACK}$后再发一个停止信号（STOP），AT24C××将不再发后续字节。AT24C××读指定地址内容的时序如图8-6所示。

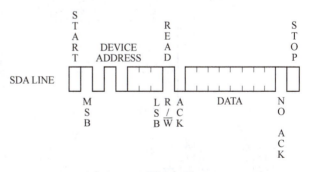

图8-5　AT24C××读当前地址内容的时序

(3) 读顺序地址内容　读顺序地址内容的操作与读当前地址内容的操作类似，只是在AT24C××发送一个字节以后，主控器件不发$\overline{ACK}$和 STOP，而是发 ACK 应答信号，控制

AT24C××发送下一个顺序地址的8位数据字节。这样就可以读x个数据，直到主控器件不发送应答信号，而发一个停止信号为止。AT24C××读顺序地址内容的时序如图8-7所示。

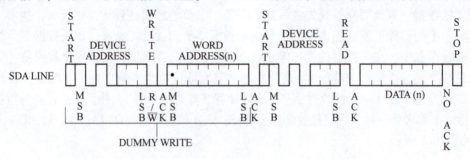

图8-6　AT24C××读指定地址内容的时序

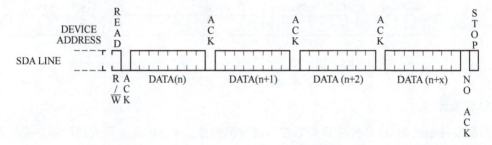

图8-7　AT24C××读顺序地址内容的时序

8.1.3　AT24C××系列存储器的接口电路与编程

图8-8所示为AT89S51单片机与AT24C02的接口电路。用AT89S51单片机的P3.2和P3.3分别发出SCL和SDA信号。将数据0AAH存入AT24C02的地址00H中，再将该单元数据读出，送到P1口控制8个发光二极管工作。C51语言参考程序如下。

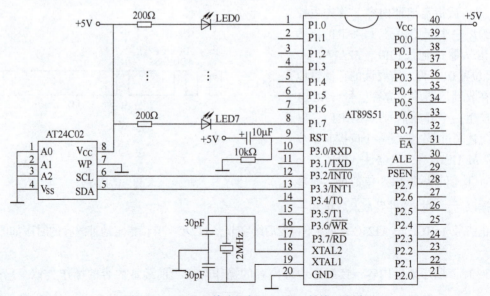

图8-8　AT89S51单片机与AT24C02的接口电路

项目8　串行总线扩展技术的应用

```c
#include <reg51.h>
#include <intrins.h>
#define uchar unsigned char
#define uint unsigned int
sbit SDA = P3^3;
sbit SCL = P3^2;
void delay(unsigned char i)         //ms 延时函数
{
    uchar j, k;
    for (j = i; j > 0; j--)
        for(k = 123; k > 0; k--);
}
void delay_nop(uchar x)             //μs 延时函数
{
    uchar i;
    for (i = x; i > 0; i--)
    {
        _nop_();
    }
}
void start_i2c()
{
    SCL = 1;
    delay_nop(1);
    SDA = 1;
    delay_nop(5);       //SDA 高电平需要保持 4.7μs 以上
    SDA = 0;
    delay_nop(5);       //SDA 低电平需要保持 4μs 以上
    SCL = 0;            //SCL 拉低，为数据发送接收做准备
    delay_nop(2);
}
void stop_i2c()
{
    SDA = 0;
    delay_nop(1);
    SCL = 1;
    delay_nop(5);       //SDA 高电平需要保持 4.7μs 以上
    SDA = 1;
    delay_nop(4);
}
void write_bite(uchar date)
```

169

```
{
    uchar i;
    for (i=0; i<8; i++)
      {
        if (date& (0x80>>i))     //先写高位，再写低位
          SDA = 1;
        else
          SDA = 0;
        SCL = 1;
        delay_nop (5);
        SCL = 0;
      }
        SDA = 1;                 //释放总线，等待应答信号
        delay_nop (2);
}
uchar read_bite ( )
{
    uchar date = 0x00, i, d;
        SCL = 0;
        delay_nop (2);
        SDA = 1;
        delay_nop (2);
        for (i=0; i<8; i++)
          {
            SCL = 1;
            delay_nop (4);
            d = SDA;
            date = (date<<1) | d;
            SCL = 0;
            delay_nop (4);
          }
            return (date);
}
void respons ( )
{
        unsigned char i = 0;
        SCL = 1;
        delay_nop (2);
        while ( (SDA ==1) && (i<255))
        i++;                     //等待应答信号（SDA=0），如果超过时间没有应答，视为有效
        SCL = 0;
        delay_nop (2);
}
```

```
unsigned char read_add (uchar address)
{
    unsigned char date;
    start_i2c ( );
    write_bite (0xA0);
    respons ( );
    write_bite (address);
    respons ( );
    start_i2c ( );
    write_bite (0xA1);
    respons ( );
    date = read_bite ( );
    stop_i2c ( );
    return (date);
}
void write_add (uchar address, uchar date)
{
    start_i2c ( );
    write_bite (0xA0);
    respons ( );
    write_bite (address);
    respons ( );
    write_bite (date);
    respons ( );
    stop_i2c ( );
    delay (100);           //适当延时,等待从此地址读取数据
}
void main ( )
{
    write_add (0, 0xAA);       //向地址00H处写入0xAA
    P1 = read_add (0);         //从地址00H处读出数据赋给P1口,对应LED依次亮灭
    while (1);
}
```

8.2 SPI 总线的应用

8.2.1 SPI 总线概述

SPI（Serial Peripheral Interface）总线是由 Motorola 公司开发的全双工同步串行总线,用于 MCU 与 E^2PROM、ADC 和显示驱动器之类的慢速外设器件间的串行通信。SPI 的主要特点是可以同时发出和接收串行数据,可以当作主机或从机工作,提供频率可编程时钟、发送结束中断

标志、写冲突保护及总线竞争保护等。SPI 通信由一个主设备和一个或多个从设备组成，通过主设备启动与从设备的同步通信，从而完成数据的交换。SPI 总线系统可直接与各个厂家生产的多种标准外围器件直接接口，该接口一般使用 4 条线：串行时钟线（SCK）、主机输入/从机输出数据线 MISO、主机输出/从机输入数据线 MOSI 和低电平有效的从机选择线 $\overline{SS}$。

SPI 协议可简述如下：

$\overline{SS}$ 用于控制芯片是否被选中，也就是说只有片选信号 $\overline{SS}$ 为预先规定的使能信号时（高电位或低电位），对相应芯片的操作才有效。通过 $\overline{SS}$ 信号可使 SPI 在同一总线上连接多个 SPI 设备。

SPI 协议是串行通信协议，数据是一位一位地从高位到低位传输的。由 SCK 提供时钟脉冲，MISO、MOSI 基于此脉冲完成数据传输。数据通过 MOSI 线在时钟上升沿或下降沿时输出，在紧接着的下降沿或上升沿由 MISO 线输入。在至少 8 次时钟信号的改变（一个上升沿和一个下降沿为一次）后，才可以完成 8 位数据的传输，其工作时序如图 8-9 所示。数据传输的时钟波特率可以高达 5Mbit/s，具体速度大小取决于 SPI 的硬件。

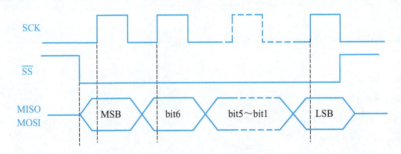

图 8-9　SPI 总线工作时序

SCK 信号线只由主设备控制，从设备不能控制该信号线。同样，在一个基于 SPI 的设备中，至少有一个主设备。普通的串行通信一次连续传送至少 8 位数据，而 SPI 与普通的串行通信不同，可允许数据一位一位地传送，甚至允许暂停。因为 SCK 信号线由主设备控制，当没有时钟跳变时，从设备不采集或传送数据。SPI 协议还是一个数据交换协议，因为 SPI 的数据输入线和输出线相互独立，所以允许同时完成数据的输入和输出。不同的 SPI 设备的工作方式不尽相同，主要是数据改变和采集的时间不同及在时钟信号上升沿或下降沿采集的定义不同。

在点对点的通信中，SPI 接口不需要进行寻址操作，且为全双工通信，因而简单高效。在多个从设备的系统中，每个从设备需要独立的使能信号，故硬件上比 I^2C 系统要稍微复杂一些。

SPI 接口的缺点是没有指定的流控制，没有应答机制确认是否接收到数据。

8.2.2　串行 A-D 转换器 TLC549

TLC549 是 TI 公司生产的一种低价位、高性能的 8 位串行 A-D 转换器，它以 8 位开关电容逐次逼近的方法实现 A-D 转换。它的转换时间小于 17μs，最大转换速率为 40kHz，具有 4MHz 的典型内部系统时钟，电源为 3～6V，总失调误差最大为 ±0.5LSB，典型功耗值为

6mW。TLC549 采用差分参考电压高阻输入，抗干扰能力强，可按比例量程校准转换范围。它能方便地采用 SPI 接口方式与各种微处理器连接，构成各种廉价的测控应用系统。

1. TLC549 的引脚及各引脚功能

TLC549 的引脚排列如图 8-10 所示，各引脚的功能介绍如下。

1) REF+：正基准电压输入端，电压范围是 2.5V ~ (V_{CC} + 0.1V)。

2) REF-：负基准电压输入端，电压范围是 -0.1 ~ 2.5V，且要求 $V_{REF+} - V_{REF-} \geq 1V$。

3) V_{CC}：系统电源端，电压范围是 3 ~ 6V。

4) GND：接地端。

5) $\overline{CS}$：芯片选择输入端，要求输入高电平 $V_{IN} \geq 2V$，输入低电平 $V_{IN} \leq 0.8V$。

6) SDO：转换结果数据串行输出端，与 TTL 电平兼容，输出时高位在前，低位在后。

7) AIN：模拟信号输入端，模拟信号电压范围是 0 ~ V_{CC}。当 $V_{AIN} \geq V_{REF+}$ 时，转换结果为全"1"（即 0FFH）；当 $V_{AIN} \leq V_{REF-}$ 时，转换结果为全"0"（即 00H）。

8) SCLK：外接 I/O 时钟输入端，用于同步芯片的输入/输出操作，无须与芯片内部系统时钟同步。

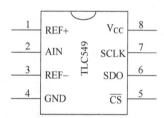

图 8-10　TLC549 的引脚排列

2. TLC549 的工作时序

当 TLC549 的引脚 $\overline{CS}$ 变为低电平后，TLC549 芯片被选中，同时前次转换结果的最高有效位 MSB（A7）自 SDO 端输出。接着要求自 SCLK 端输入 8 个外部时钟信号，前 7 个 SCLK 信号的作用是配合 TLC549 输出前次转换结果的 A6 ~ A0 位，并为本次转换做准备。在第 4 个 SCLK 信号由高至低跳变之后，片内采样/保持电路对输入模拟量开始采样，第 8 个 SCLK 信号的下降沿使片内采样/保持电路进入保持状态并启动 A-D 转换。转换时间为 36 个系统时钟周期，最大为 17μs。直到 A-D 转换完成前的这段时间内，TLC549 的控制逻辑要求 $\overline{CS}$ 保持高电平或 SCLK 时钟端保持 36 个系统时钟周期的低电平。由此可见，在 TLC549 的 SCLK 端输入 8 个外部时钟信号期间需要完成以下工作：读入前次 A-D 转换结果；对本次转换的输入模拟信号采样并保持；启动本次 A-D 转换。TLC549 的工作时序如图 8-11 所示。

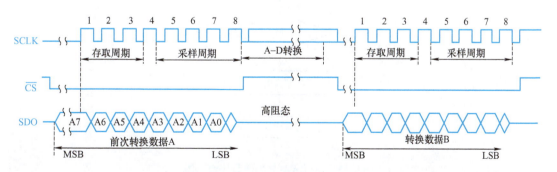

图 8-11　TLC549 的工作时序

3. TLC549 的接口电路及编程

图 8-12 所示为利用 TLC549 制作的数字电压表的硬件电路。其中，AT89S51 产生 SPI 信号，驱动 TLC549 实现数据的采样及转换，串行 A-D 转换子程序流程图如图 8-13 所示。数字电压表 C51 语言参考程序如下。

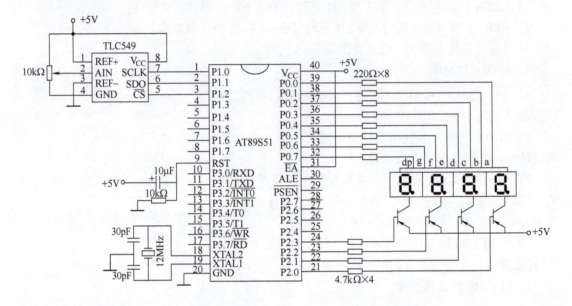

图 8-12 利用 TLC549 制作的数字电压表的硬件电路

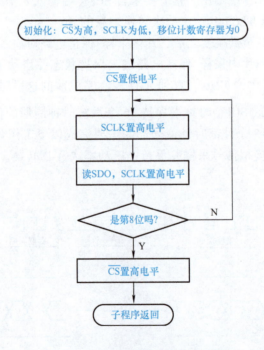

图 8-13 串行 A-D 转换子程序流程图

```c
#include <reg51.h>
#include <intrins.h>
sbit SDO = P1^1;
sbit CS = P1^2;
sbit SCLK = P1^0;
unsigned char code dis_tab[10] = {0xC0, 0xF9, 0xA4, 0xB0, 0x99, 0x92, 0x82, 0xF8, 0x80, 0x90};        //共阳极数码管段码
unsigned char str[4];
void delay_1us(void)                    //1μs 延时函数
    {
      _nop_( );
    }
void delay_nus(unsigned int n)          //n μs 延时函数
    {
      unsigned int i = 0;
      for(i = 0; i < n; i++)
      delay_1us( );
    }

void delay_1ms(void)                    //1ms 延时函数
    {
      unsigned int i;
      for(i = 0; i < 124; i++);
    }

void delay_nms(unsigned int n)          //n ms 延时函数
    {
      unsigned int i = 0;
      for(i = 0; i < n; i++)
      delay_1ms( );
    }

unsigned char ad_convert(void)
{
    unsigned char temp = 0;
    unsigned char i;
    CS = 1;
    delay_nus(2);
    CS = 0;
    for(i = 0; i < 8; i++)
    {
```

```
            temp <<= 1;
            SCLK = 1;
            if (SDO)  temp |= 0x01;
            SCLK = 0;

            delay_nus (2);
        }

        CS = 1;
        delay_nms (5);
        return temp;
}
void dis_volt (void)
{
        P2 = 0xF7;
        P0 = dis_tab [str [0]] &0x7F;
        delay_nms (2);
        P2 = 0xFB;
        P0 = dis_tab [str [1]];
        delay_nms (2);
        P2 = 0xFD;
        P0 = dis_tab [str [2]];
        delay_nms (2);
        P2 = 0xFE;
        P0 = dis_tab [str [3]];
        delay_nms (2);
}

int main (void)
{
    unsigned char ad_value = 0;
    unsigned int temp = 0;
    while (1)
    {
        ad_value = ad_convert ( );
        temp = (unsigned int) ( (unsigned long) ad_value * 5000/256);
        str [0] = temp/1000;
        str [1] = temp%1000/100;
        str [2] = temp%100/10;
        str [3] = temp%10;
        dis_volt ( );
    }
```

```
    return  0;
}
```

8.2.3 串行 D-A 转换器 TLC5615

TLC5615 是 TI 公司生产的高性能 10 位电压输出型串行 D-A 转换器。它的最大输出电压是基准电压值的两倍，具有上电复位功能，即把 DAC 寄存器复位至全零。TLC5615 只需要通过 SPI 总线就可以完成 10 位数据的 D-A 转换，适用于电池供电的测试仪表与移动电话，也适用于数字失调与增益调整以及工业控制场合。

1. TLC5615 的引脚及各引脚功能

TLC5615 的引脚排列如图 8-14 所示，各引脚功能如下。

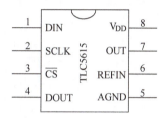

图 8-14 TLC5615 的引脚排列

1）DIN：串行数据输入端。

2）SCLK：串行时钟输入端。

3）$\overline{CS}$：芯片选用端，低电平有效。

4）DOUT：用于级联时的串行数据输出端。

5）AGND：模拟接地端。

6）REFIN：基准电压输入端，2V ~ (V_{DD} − 2V)，通常取 2.048V。

7）OUT：D-A 转换模拟电压输出端。

8）V_{DD}：正电源端，电压范围是 4.5 ~ 5.5V，通常取 5V。

2. TLC5615 的工作时序

TLC5615 的工作时序如图 8-15 所示。可以看出，当片选 $\overline{CS}$ 为低电平时，从 DIN 端输入的数据由时钟 SCLK 同步输入或输出，最高有效位在前，最低有效位在后。输入时，在 SCLK 的上升沿把数据从串行数据输入端 DIN 移入内部的 16 位移位寄存器，在 SCLK 的下降沿将数据输出至串行数据输出端 DOUT，在 $\overline{CS}$ 的上升沿把数据传送至 DAC 寄存器。

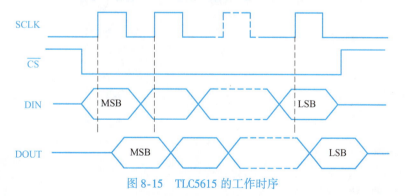

图 8-15 TLC5615 的工作时序

当片选信号端 $\overline{CS}$ 为高电平时，由串行数据输入端 DIN 输入的数据不能由时钟同步送入移位寄存器；输出数据保持最近的数值不变而不进入高阻状态，输入时钟应为低电平。

串行 D-A 转换器 TLC5615 有两种使用方式，即级联方式和非级联方式。如不使用级联方式，DIN 只需输入 12 位数据。在 DIN 输入的 12 位数据中，前 10 位为 TLC5615 输入的

D-A 转换数据，且输入时高位在前，低位在后，后两位必须写入数值为零的低于 LSB 的位。因为 TLC5615 的 DAC 输入锁存器为 12 位宽，如果使用 TLC5615 的级联方式，来自串行输出数据端 DOUT 的数据需要 SCLK 端提供 16 个时钟下降沿才能完成一次数据输入，因此完成一次数据输入需要 16 个时钟周期，输入的数据也应为 16 位。在输入的数据中，前 4 位为高虚拟位，中间 10 位为 D-A 转换数据，最后两位为低于 LSB 的位，即零。

3. TLC5615 的接口电路及编程

图 8-16 所示为利用 TLC5615 制作的波形发生器的硬件电路。其中，AT89S51 产生 SPI 信号驱动 TLC5615 实现数据的采样及转换。这里以锯齿波为例来说明 TLC5615 转换电路的编程方法，其 C51 语言参考程序如下。

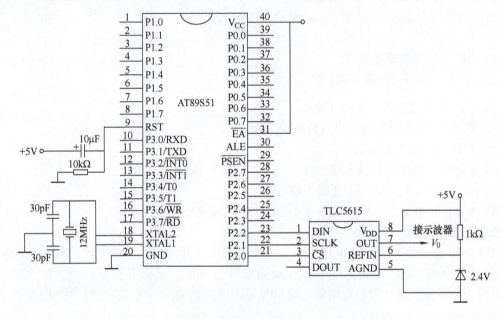

图 8-16 利用 TLC5615 制作的波形发生器的硬件电路

```c
#include <reg51.h>

sbit SCLK = P2^1;
sbit DIN = P2^2;
sbit CS = P2^0;

void da5615 (unsigned int da)
{
    unsigned char i;
    da <<= 6;
    CS = 0;
    SCLK = 0;
    for (i = 0; i < 12; i++)
    {
```

```
            DIN =（bit）（da&0x8000）;
            SCLK = 1;
            da <<= 1;
            SCLK = 0;
        }
        CS = 1;
        SCLK = 0;
        for（i = 0; i < 12; i++）;
}

int main（void）
{
        unsigned int i;
        CS = 1;
        SCLK = 0;
        while（1）
        {
            for（i = 0; i < 1024; i++）        //产生锯齿波的周期约为10s
            {
                da5615（i）;
            }
        }
        return  0;
}
```

8.3　单总线的应用

8.3.1　单总线简介

单总线（1-Wire）技术是由美国Dallas公司推出的一项特有的总线技术。单总线与I^2C总线、SPI总线不同，它采用单根信号线，既可传输时钟信号，又能传输数据，而且数据传输是双向的。因而单总线技术具有线路简单、硬件开销少、成本低廉、便于总线扩展和维护等优点。

单总线系统是只有一个总线命令者和一个或多个从者组成的计算机应用系统。单总线系统由硬件配置、处理次序和单总线信号3部分组成。系统按单总线协议规定的时序和信号波形进行初始化、器件识别和数据交换。

单总线系统只定义了一根信号线。总线上的每个器件都能够在合适的时间驱动它，相当于把计算机的地址线、数据线和控制线合为一根信号线对外进行数据交换。为了区分这些芯片，厂家在生产每个芯片时都编制了唯一的序列号，通过寻址就能把芯片识别出来。

所有的单总线器件都要遵循严格的通信协议，以保证数据的完整性。单总线协议定义了复位脉冲、应答脉冲、写0、读0和读1时序等几种信号类型。所有的单总线命令序列（初始化、ROM命令和功能命令）都是由这些基本的信号类型组成的。在这些信号中，除了应答信号外，均由主机发出同步信号，并且发送的所有命令和数据都是字节的低位在前。

通常把挂在单总线上的器件称为单总线器件，单总线器件一般都有控制、收发和存储电路。为了区分不同的单总线器件，厂家生产单总线器件时都要刻录一个 64B 的二进制 ROM 代码，以标志其 ID。目前，单总线器件主要有数字温度传感器 DS18B20、A-D 转换器 DS2450、身份识别器 DS1990A 和单总线控制器 DS1WM 等，这里以 DS18B20 为例来介绍单总线技术。

8.3.2　DS18B20 的引脚及硬件连接

DS18B20 是美国 Dallas 公司生产的单总线器件。它具有微型化、低功耗、高性能、抗干扰能力强及易配处理器等优点，可直接将温度转化为串行数字信号供处理器处理。

1. DS18B20 的特点

1) 只要求一个端口即可实现通信。
2) 在 DS18B20 中的每个器件上都有独一无二的序列号。
3) 实际应用中不需要外接任何元器件即可实现测温。
4) 适用电压范围为 3.0~5.5V。
5) 测量温度范围为 -55~+125℃，在 -10~+85℃ 时精度为 ±0.5℃。
6) 可编程分辨率为 9~12 位，可分辨温度为 0.5℃、0.25℃、0.125℃ 和 0.0625℃。
7) 最大转换时间为 750ms。
8) 内部有温度上、下限告警设置。
9) 负电压特性。电源极性接反时，芯片不会因发热而烧毁，但不能正常工作。

2. DS18B20 的引脚介绍

DS18B20 的外形及封装如图 8-17 所示。其中，TO-92 封装 DS18B20 各引脚定义如下。

a) 外形

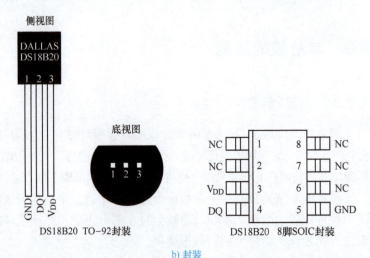
b) 封装

图 8-17　DS18B20 的外形及封装

1) 引脚 1 (GND)：地信号。
2) 引脚 2 (DQ)：数据输入/输出引脚。开漏单总线接口引脚。当被用于寄生电源时，也可以向器件提供电源。

3）引脚 3（V_{DD}）：可选择的 V_{DD} 引脚。当工作于寄生电源时，此引脚必须接地。

3. DS18B20 的硬件连接

DS18B20 与单片机连接时，可按单节点系统（一个从机设备）操作，也可按多节点系统（多个从机设备）操作。通常，设备通过一个漏极开路或三态端口连至数据线，并外接一个约 5kΩ 的上拉电阻，如图 8-18 所示。

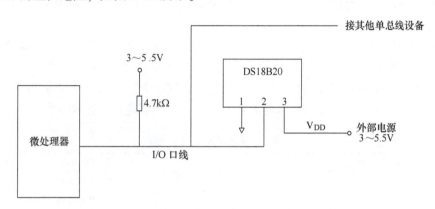

图 8-18　DS18B20 典型电路

8.3.3　DS18B20 的工作原理及使用方法

1. DS18B20 的工作原理

DS18B20 的内部结构如图 8-19 所示，它主要由 4 部分组成：64 位 ROM、温度传感器、非易失性温度报警触发器 TH 和 TL、配置寄存器。

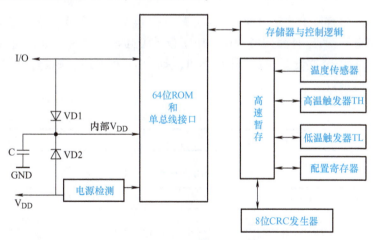

图 8-19　DS18B20 的内部结构

64 位 ROM 中的值是出厂前被光刻好的，可以看作该 DS18B20 的地址序列码。64 位光刻 ROM 的排列是：开始 8 位是产品类型标号，接着的 48 位是该 DS18B20 自身的序列号，最后 8 位是前面 56 位的循环冗余校验码（CRC = X8 + X5 + X4 + 1），如图 8-20 所示。光刻 ROM 的作用是使每一个 DS18B20 都各不相同，这样就可以实现一根总线上挂接多个 DS18B20 的目的。

MSB		LSB
8 位校验 CRC	48 位序列号	8 位产品类型标号

图 8-20　64 位 ROM 的结构

　　DS18B20 的片内存储器包括一个高速暂存 RAM 和一个非易失性的可电擦除的 E^2PROM，后者用于存放高温触发器 TH、低温触发器 TL 和配置寄存器。

　　高速暂存 RAM 包含了 9 个连续字节，见表 8-3。前两个字节是测得的温度信息，第 1 个字节的内容是温度的低 8 位，第 2 个字节是温度的高 8 位。第 3、4 个字节是 TH、TL 的易失性拷贝，第 5 个字节是配置寄存器的易失性拷贝，这 3 个字节的内容在每一次上电复位时被刷新。第 6、7、8 个字节用于内部计算保留。第 9 个字节是冗余校验字节。

表 8-3　高速暂存 RAM 内容

字节（从低到高）	寄存器内容
1	温度值低 8 位
2	温度值高 8 位
3	高温限值 TH
4	低温限值 TL
5	配置寄存器
6	保留
7	保留
8	保留
9	CRC 校验

　　配置寄存器的内容用于确定温度值的数字转换分辨率，该字节各位的定义见表 8-4。其中，低五位为高电平，TM 是测试模式位，用于设置 DS18B20 在工作模式还是在测试模式。在 DS18B20 出厂时该位被设置为 0，用户不可改动。R1 和 R0 用来设置分辨率，见表 8-5。DS18B20 在出厂时被设置为 12 位。

表 8-4　配置寄存器各位定义

TM	R1	R0	1	1	1	1	1

表 8-5　DS18B20 分辨率设置表

R1	R0	分辨率	最大转换时间/ms
0	0	9 位	93.75
0	1	10 位	187.5
1	0	11 位	375
1	1	12 位	750

　　当 DS18B20 接收到温度转换命令后，开始启动转换。转换完成后的温度值就以 16 位有符号数的二进制补码形式存储在高速暂存 RAM 的第 1、2 个字节中，其数据存储格式见表 8-6。单片机可通过单总线接口从低位到高位读取该数据。

表 8-6 数据存储格式

	D7	D6	D5	D4	D3	D2	D1	D0
低字节	2^3	2^2	2^1	2^0	2^{-1}	2^{-2}	2^{-3}	2^{-4}
高字节	S	S	S	S	S	2^6	2^5	2^4

以 12 位转换为例，转换后的温度值以 0.0625℃/LSB 的形式表达，其中高字节的前 5 位 S 为符号位。如果测得的温度大于 0，则符号位 S 为 0，只要将测到的数值乘以 0.0625 即可得到实际温度；如果温度小于 0，则符号位 S 为 1，测到的数值需要取反加 1 再乘以 0.0625 才可得到实际温度。

例如，+125℃的数字输出为 07D0H，+25.0625℃的数字输出为 0191H，-25.0625℃的数字输出为 FE6FH，-55℃的数字输出为 FC90H。

当完成温度转换后，DS18B20 把测得的温度值与 RAM 中 TH、TL 字节中的报警限值进行比较，若满足报警条件，则将器件内的报警标志位置位。

2. DS18B20 的控制指令

通过单总线端口访问 DS18B20 的步骤是：

1）初始化。

2）ROM 操作指令。

3）DS18B20 功能指令。

每一次 DS18B20 的操作都必须满足以上步骤，若缺少步骤或时序混乱，则器件无法正常工作。

（1）ROM 操作指令

1）SEARCH ROM（F0H）：搜索 ROM 指令，用于识别总线上所有的 DS18B20 的地址序列码，以确定所有从机器件。

2）READ ROM（33H）：读 ROM 指令，只有在总线上存在单个 DS18B20 时才使用，用于读取单个 DS18B20 的地址序列码。

3）MATH ROM（55H）：匹配 ROM 指令，后跟 64 位 ROM 编码序列，让总线控制器在多点总线上定位一个特定的 DS18B20，为下一步对该 DS18B20 进行读写做准备。

4）SKIP ROM（CCH）：忽略 ROM 指令，这条指令允许总线控制器不用提供 64 位 ROM 编码就使用功能指令。例如，可先发出一条忽略 ROM 指令，然后发出温度转换指令。在单点系统中，执行该指令后只能跟着发出读取暂存器指令，否则会发生数据冲突。

5）ALARM SEARCH（ECH）：报警搜索指令，只有符合报警条件的从机会对此命令做出响应。

（2）DS18B20 功能指令

1）CONVERT T（44H）：温度转换指令，用于启动一次温度转换。转换后的结果以两字节的形式被存储在高速暂存器中。

2）WRITE SCRATCHPAD（4EH）：写暂存器指令，用于向 DS18B20 的暂存器写入数据，顺序依次是 TH、TL 及配置寄存器，数据以最低有效位开始传送。

3）READ SCRATCHPAD（BEH）：读暂存器指令，用于读取 DS18B20 暂存器的内容，读取将从第 1 个字节一直到第 9 个字节，控制器可以在任何时间发出复位命令来中止。

4) COPY SCRATCHPAD (48H)：复制暂存器指令，用于把 TH、TL 和配置寄存器的内容复制到 E^2PROM。

5) RECALL E2 (B8H)：重调 E^2PROM 指令，用于把 TH、TL 和配置寄存器的内容从 E^2PROM 复制回暂存器，这种重调操作在 DS18B20 上电时自动执行。

6) READ POWER SUPPLY (B4H)：读供电模式指令，若为寄生电源模式，DS18B20 将拉低总线；若为外部电源模式，则 DS18B20 将拉高总线。

3. DS18B20 的工作时序

DS18B20 必须采用软件的方法模拟单总线的协议时序来完成对其芯片的访问。

由于 DS18B20 是在一根 I/O 线上读写数据，因此，对读写的数据位有着严格的时序要求。DS18B20 有严格的通信协议来保证各位数据传输的正确性和完整性。该协议定义了几种信号的时序：初始化时序、读时序和写时序。所有时序都是将主机作为主设备，单总线器件作为从设备。每一次命令和数据的传输都是从主机主动启动写时序开始的，如果要求单总线器件回送数据，在进行写命令后，主机需启动读时序完成数据接收。数据和命令的传输都是低位在先。

(1) DS18B20 的初始化时序　DS18B20 的初始化时序如图 8-21 所示。主机先把总线拉成低电平并保持 480～960μs，然后主机释放总线约 15～60μs，DS18B20 发出存在信号（低电平 60～240μs），然后 DS18B20 释放总线，准备开始通信。

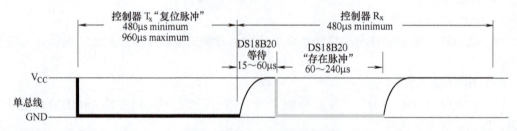

图 8-21　DS18B20 的初始化时序

(2) DS18B20 的读时序　DS18B20 的读时序如图 8-22 所示。

DS18B20 的读时序分为读 0 时序和读 1 时序两个过程。

对于 DS18B20 的读时序，是从主机把单总线拉低之后，在 15μs 之内就得释放单总线，以让 DS18B20 把数据传输到单总线上。DS18B20 完成一个读时序过程至少需要 60μs。其中，t_{REC} 表示恢复时间，是指相邻两个写时隙必须要有最少 1μs 的恢复时间。

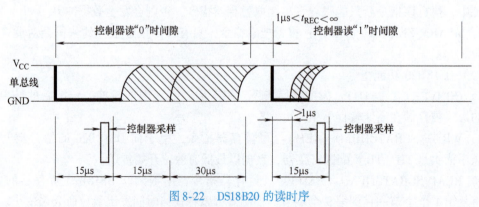

图 8-22　DS18B20 的读时序

（3）DS18B20 的写时序　DS18B20 的写时序如图 8-23 所示。

DS18B20 的写时序仍然分为写 0 时序和写 1 时序两个过程。

对于 DS18B20 写 0 时序和写 1 时序的要求不同，当要写 0 时，单总线要被拉低至少 60μs，保证 DS18B20 在 15～45μs 内能够正确地采样 I/O 总线上的"0"电平，当要写 1 时，单总线被拉低之后，在 15μs 之内就得释放单总线。

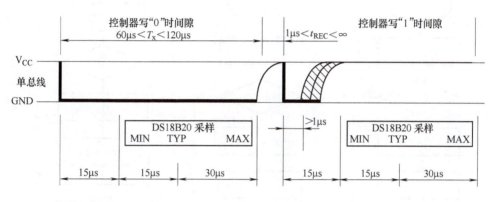

图 8-23　DS18B20 的写时序

4. DS18B20 应用程序设计

DS18B20 的温度测量应用包括单总线驱动程序和 DS18B20 驱动程序两部分。主要有复位、读一个字节、写一个字节、读 ID、启动温度转换、读温度、设置报警、查报警、设置温度分辨率和 CRC 校验等。下面介绍常用驱动程序的设计。

（1）单总线驱动程序　单总线驱动程序包括总线复位程序及总线读/写一个字节程序。按上述时序编写的程序流程图如图 8-24 所示。

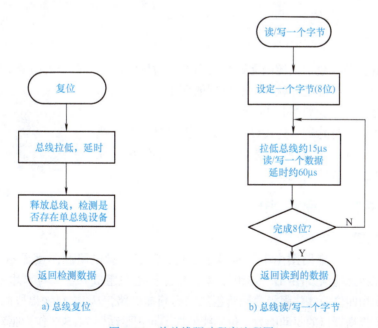

a) 总线复位　　　　b) 总线读/写一个字节

图 8-24　单总线驱动程序流程图

(2) DS18B20 驱动程序　DS18B20 的驱动程序是在单总线驱动程序的基础上设计的，程序按 DS18B20 的操作顺序，由主机向芯片发出命令或接收数据。读 ROM 程序、启动温度转换和读温度转换值程序流程图如图 8-25 所示。

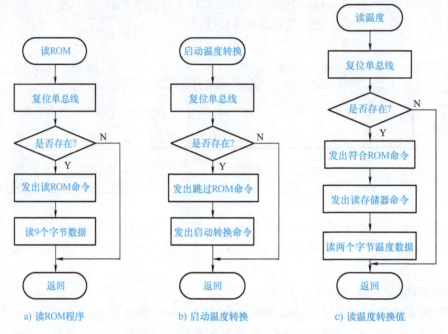

图 8-25　DS18B20 驱动程序流程图

8.4　数字温度计的设计与制作

8.4.1　工作任务

随着时代的发展，数字化控制无疑是人们追求的目标之一，它给人们带来的方便也是不可否认的。其中，数字温度计就是一个典型的例子，它在测温系统中有着广泛的应用，如图 8-26 所示。

本任务是用温度传感器自行设计一个数字温度计，测量范围为 -55 ~ +125℃，精确到小数点后 1 位，温度值可在 LCD1602 上或 LED 数码管上显示。

图 8-26　数字温度计

8.4.2　数字温度计的硬件制作

1. 硬件电路图

数字温度计的硬件电路图由单片机最小系统、温度测量电路和温度显示电路构成，如图 8-27 所示。温度测量电路由 DS18B20 及 4.7kΩ 上拉电阻组成，直接与单片机的 P3.7 口相连。显示电路采用四位一体共阳极数码管组成动态扫描电路，从 P1 口输出段码，P3.0 ~ P3.3 输出位码。为了提高端口的驱动能力，位选线增加了同相驱动器 74LS07 作为驱动电路。

项目8 串行总线扩展技术的应用

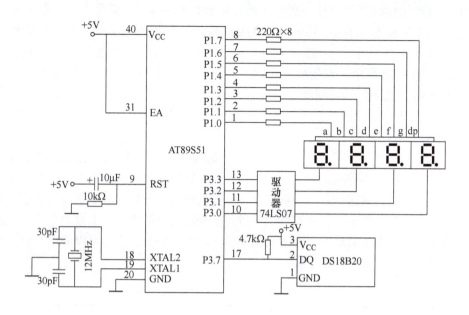

图 8-27 数字温度计硬件电路图

2. 焊接硬件电路

准备元器件及焊接测试用工具（电烙铁、焊锡丝、松香、吸锡器、斜口钳、镊子及万用表）后，即可制作硬件电路，元器件清单见表 8-7。

表 8-7 元器件清单

序 号	元器件名称	规 格	数 量
1	51 单片机最小系统		1 套
2	限流电阻	220Ω 电阻	8 个
3	7 段 LED 数码管	共阳极、四位一体	1 个
4	同相驱动器	74LS07	1 个
5	温度传感器	DS18B20	1 个
6	DIP 封装插座	40 脚、14 脚集成插座	各 1 个

认识并准备元器件，根据图 8-27 焊接硬件电路，注意动态扫描显示电路的连接。

3. 测试硬件电路

数字温度计硬件电路测试可按以下步骤进行：

1）测试单片机最小系统电路是否工作正常。
2）编写简单的动态扫描显示程序来测试显示器是否工作正常。
3）测量 DS18B20 的电源、地及信号线是否连接正确。

8.4.3 数字温度计的软件设计

数字温度计主要由主程序、读出温度子程序、温度转换子程序、温度处理子程序及显示计算子程序等部分组成。主程序的功能是负责温度的实时显示，读出并处理 DS18B20

的测量值,温度采样时间为每秒一次。主程序流程图如图 8-28 所示。读出温度子程序的主要功能是读出高速暂存 RAM 中 9 个字节的数据,在读出时进行 CRC 校验,读出温度子程序流程图如图 8-29 所示。温度转换子程序的主要功能是发出温度转换的控制命令,其程序流程图如图 8-30 所示。温度处理子程序的主要功能是将读出的温度测量值进行 BCD 码转换,并进行温度正负值的判断,其程序流程图如图 8-31 所示。显示计算子程序主要用于区分百位应显示符号还是数值,并修改显示缓冲区中的待显示数据,其程序流程图如图 8-32 所示。

数字温度计的温度值处理方法是本程序设计的关键,从 DS18B20 读出的二进制值必须转换成 BCD 码才能用于字符的显示。若采用 12 位分辨率转换时,温度寄存器以 0.0625℃ 递进。从十进制值与二进制值的关系中可发现,二进制的高字节数的低半字节与低字节数的高半字节组成一个字节,将这个字节转换成十进制就是温度值的百位、十位和个位,而剩下低字节数的低半字节就是小数部分,由于只精确到小数点后一位,因此可以将小数点部分进行简化,可得出表 8-8 所示的对应关系。

表 8-8 小数部分二、十进制的对应关系

小数部分二进制值	0	1	2	3	4	5	6	7	8	9	A	B	C	D	E	F
十进制值	0	1	1	2	3	3	4	4	5	6	6	7	8	8	9	9

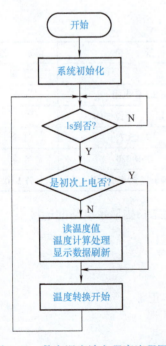

图 8-28 数字温度计主程序流程图

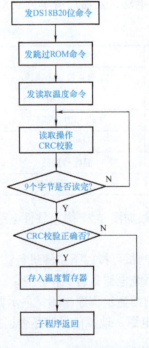

图 8-29 读出温度子程序流程图

图 8-30 温度转换子程序流程图

项目8　串行总线扩展技术的应用

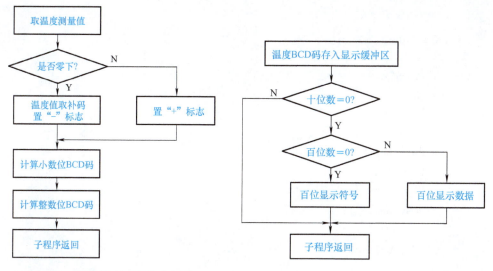

图 8-31　温度处理子程序流程图　　　　图 8-32　显示计算子程序流程图

参考程序如下：

```
#include <reg51.h>

sbit DQ = P3^7;

unsigned char code dis_tab[10] = {0xC0, 0xF9, 0xA4, 0xB0, 0x99,
                                  0x92, 0x82, 0xF8, 0x80, 0x90};  //共阳极码

unsigned char tempH, tempL;          //温度高低字节
unsigned char temp1;
unsigned int temp2;                  //临时变量
bit fflag;                           //负温度标志
unsigned char str[4];

void  delay_1ms(void)                //1ms 延时函数
{
    unsigned int i;
    for (i = 0; i < 124; i++);
}

void delay_nms(unsigned int n)       //n ms 延时函数
{
    unsigned int i = 0;
    for (i = 0; i < n; i++)
    delay_1ms( );
}
//温度显示函数
void  dis_temp(void)
```

```
{
    if (fflag == 0)
    {
        if (temp1 <= 9)
        {
            P3 = 0x02;
            P1 = dis_tab [str [2]] &0x7F;
            delay_nms (2);
            P3 = 0x01;
            P1 = dis_tab [str [3]];
            delay_nms (2);
        }
        else if (temp1 <= 99)
        {
            P3 = 0x04;
            P1 = dis_tab [str [1]];
            delay_nms (2);
            P3 = 0x02;
            P1 = dis_tab [str [2]] &0x7F;
            delay_nms (2);
            P3 = 0x01;
            P1 = dis_tab [str [3]];
            delay_nms (2);
        }
        else
        {
            P3 = 0x08;
            P1 = dis_tab [str [0]];
            delay_nms (2);
            P3 = 0x04;
            P1 = dis_tab [str [1]];
            delay_nms (2);
            P3 = 0x02;
            P1 = dis_tab [str [2]] &0x7F;
            delay_nms (2);
            P3 = 0x01;
            P1 = dis_tab [str [3]];
            delay_nms (2);
        }
    }
    else
    {
```

项目8 串行总线扩展技术的应用

```
            if (temp1<=9)
            {
                P3 = 0x04;
                P1 = 0xBF;
                delay_nms (2);
                P3 = 0x02;
                P1 = dis_tab [str [2]] &0x7F;
                delay_nms (2);
                P3 = 0x01;
                P1 = dis_tab [str [3]];
                delay_nms (2);
            }
            else if (temp1<=99)
            {
                P3 = 0x08;
                P1 = 0xBF;
                delay_nms (2);
                P3 = 0x04;
                P1 = dis_tab [str [1]];
                delay_nms (2);
                P3 = 0x02;
                P1 = dis_tab [str [2]] &0x7F;
                delay_nms (2);
                P3 = 0x01;
                P1 = dis_tab [str [3]];
                delay_nms (2);
            }
        }
    }
}
/********************** DS18B20 程序 *********************************/
void delay_18B20 (unsigned int i)        //延时1μs
{
    while (i--);
}
/* DS18B20 复位函数 */
void DS18B20_reset (void)
{
    unsigned char x = 0;
    DQ = 1;                              //DQ 复位
    delay_18B20 (4);                     //延时
    DQ = 0;                              //DQ 拉低
    delay_18B20 (100);                   //精确延时大于 480μs
```

```
        DQ = 1;                    //拉高
        delay_18B20 (40);
}
/* DS18B20 写命令函数 */
void write_byte (unsigned char wdata)
{
    unsigned char i = 0;
    for (i = 8; i > 0; i--)
    {
        DQ = 0;
        DQ = wdata&0x01;
        delay_18B20 (10);
        DQ = 1;
        wdata >>= 1;
    }
}

/* DS18B20 读一字节函数 */
unsigned char read_byte (void)
{
    unsigned char i = 0;
    unsigned char  dat = 0;
    for (i = 8; i > 0; i--)
    {
        DQ = 0;                    //给脉冲信号
        dat >>= 1;
        DQ = 1;                    //给脉冲信号
        if (DQ)
        dat | = 0x80;
        delay_18B20 (10);
    }
    return (dat);
}
/* 读出温度函数 */
void read_temp (void)
{
    unsigned char i;
    DS18B20_reset (  );
    delay_nms (1);
    write_byte (0xCC);             //发 Skip ROM 命令
    write_byte (0x44);             //启动温度转换
    for (i = 20; i > 0; i--)
    {
        dis_temp (  );             //显示
    }
```

项目8 串行总线扩展技术的应用

```
        DS18B20_reset( );           //总线复位
        delay_nms(1);
        write_byte(0xCC);            //发 Skip ROM 命令
        write_byte(0xBE);            //发读命令
        tempL = read_byte( );
        tempH = read_byte( );
}
//温度处理函数
/*二进制高字节的低4位和低字节的高4位组成一个字节,这个字节的二进制值化为十进制值后,
  就是温度值的整数部分,而剩下的低字节的低半字节化成十进制后,就是温度值的小数部
  分*/
void work_temp(void)
{
    if(tempH >= 8)
    {
        temp1 = (((~tempH)&0x0F)<<4)|(((~tempL)&0xF0)>>4);   //负温度
        if((tempL&0x0F)==0)
        {
            ++temp1;
        }
        temp2 = ((~(tempL-1))+1)&0x0F)*625+500;              //四舍五入
        fflag = 1;
    }
    else
    {
        temp1 = ((tempH&0x0F)<<4)|((tempL&0xF0)>>4);         //温度整数部分
        temp2 = (tempL&0x0F)*625;                            //温度小数部分
        fflag = 0;
    }
}
//计算温度显示值
void calc_temp(void)
{
    str[0] = temp1/100;
    str[1] = (temp1%100)/10;
    str[2] = (temp1%100)%10;
    str[3] = temp2/1000;
}
//主程序
void main(void)
{
    while(1)
    {
```

```
        read_temp(   );              //读温度值
        work_temp(   );              //温度转换数值处理
        calc_temp(   );              //计算温度显示值
    }
}
```

8.4.4 数字温度计的系统调试

1. 数字温度计的编译与调试

（1）数字温度计程序的编译　在Keil μVision4软件中新建工程文件并命名为"Digital-TEMP"，输入数字温度计C51源程序，以"DigitalTEMP.c"为文件名存盘。单击编译图标 ，即可生成"DigitalTEMP.hex"文件。

（2）数字温度计Proteus仿真

1）在Proteus仿真环境下画出数字温度计电路图。数字温度计硬件电路所需元器件见表8-9。按图8-27画出硬件接线图，可省略显示驱动器74LS07、时钟电路及复位电路，如图8-33所示。

2）将DigitalTEMP.hex文件加入Proteus中，进行虚拟仿真。双击AT89C51单片机芯片，可打开元器件编辑对话框，选取目标代码文件"DigitalTEMP.hex"。在"Clock Frequency"栏中设置时钟频率为12MHz，在Proteus仿真界面中的仿真工具栏中单击按钮 ▶，启动全速仿真。单击DS18B20上的"+"或"-"，观察显示温度值的变化，如图8-33所示。

表8-9　数字温度计硬件电路所需元器件

元件名	类	子　类	参　数	备　注
AT89C51	Microprocessor ICs	8051 Family		代替AT89S51
DS18B20	Data Converters	Temperature Sensors		数字温度计
7SEG—MPX4—CA	Optoelectronics	7—Segment Displays		红色LED共阳极数码管

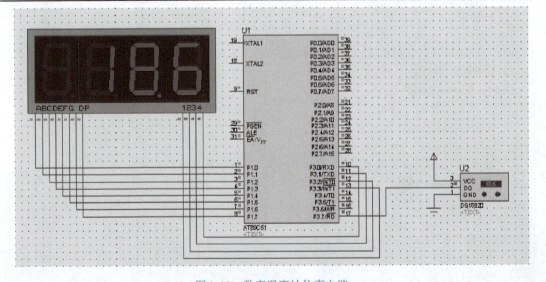

图8-33　数字温度计仿真电路

2. 联机调试并下载程序

进行联机调试时，可先写一些小程序段，分别检查 LED 数码管显示电路是否正确，再进行主程序及各子程序的调试，最后进行数字温度计程序的综合调试。

由于 DS18B20 与单片机采用串行数据传送，因此对 DS18B20 进行读写编程时必须严格保证读写时序，否则将无法读取测量结果。

将已调试成功的数字温度计程序通过 ISP 下载线下载到硬件电路板上的单片机中，将下载线拔出，接通电源，用手触碰 DS18B20，观察显示结果。

将制作好的数字温度计与已有的成品温度计进行性能比较，观察误差指标。

8.4.5 改进与提高

进一步完善数字温度计的功能，改进以下几点：
1）设置上下限报警，当超出设定范围时发出报警信号。
2）将数字温度计每 10min 测得的值进行存储，并可通过按键查看历史温度值。

习　　题

一、填空题

1. 单片机应用系统中使用的串行扩展方式主要有_____、_____和_____3 种常用形式。
2. I^2C 总线中的 SDA 线是用于_____，SCL 线是用于_____。
3. SPI 总线中的 SCK 线是用于_____，MISO 是用于_____，MOSI 是用于_____，$\overline{SS}$是用于_____。
4. 单总线技术采用_____根信号线，既可传输_____，又能传输_____。

二、选择题

1. AT24C02 的存储容量为（　　）。
 (A) 512B　　　　(B) 256B　　　　(C) 1KB　　　　(D) 2KB
2. TLC549 采用（　　）串行总线进行通信。
 (A) I^2C　　　　(B) SPI　　　　(C) 单总线　　　　(D) UART
3. TLC5615 是（　　）位的 D-A 转换器。
 (A) 8　　　　(B) 12　　　　(C) 10　　　　(D) 16
4. DS18B20 温度传感器将温度转换成（　　）量输出。
 (A) 模拟　　　　(B) 数字　　　　(C) 频率　　　　(D) 开关

三、编程应用题

1. 设计一个电子密码锁，要求实现以下功能：
1）必须通过键盘输入正确的密码才能开锁；
2）密码输入错误 3 次将报警；
3）只能在锁打开后才能修改密码，密码可以由用户自己修改设定；
4）修改密码前必须重新输入旧密码后输入新密码，新密码需要二次确认，以防误操作。
2. 利用时钟芯片 DS1302 设计一个可以显示日期、时间和星期的电子钟，并可以调整时间和设置闹钟。

实践提高篇

项目 9 测温与报警系统的设计

随着时代的进步和发展，单片机技术已经普及到人们的生活、工作、科研等各个领域，已经成为一种比较成熟的技术。温度的测试也已经越来越多地应用到各个领域。本系统是基于单片机的智能温度报警控制器的设计。控制要求是：以 MCS-51 单片机为核心，采用温度传感器 DS18B20 作为温度检测器，在液晶显示屏 LCD1602 上显示实时温度，并且可通过按键设置上下限报警温度。

9.1 系统总体设计

使用 MCS-51 系列单片机作为测温与报警系统设计的核心器件。MCS-51 系列单片机采用了可靠的 CMOS 工艺制造技术，是高性能的 8 位单片机，具有低电压供电和体积小等特点。芯片中集成了 CPU、RAM、ROM、定时/计数器和多功能 I/O 接口等计算机所需的基本功能部件。程序存储在单片机的程序存储器中，运行过程由程序控制，晶振选用 12MHz。

DS18B20 简化了温度器件与计算机的接口电路，使得电路更加简单，使用更加方便。显示部分使用 LCD1602 作为当前温度的实时输出，当温度超出限值时，用蜂鸣器报警和数码管闪烁来提示。采用单片机 C 语言设计温度计的程序，对 DS18B20 进行初始化、读/写操作、温度读取、数据转换、温度显示和报警处理等。

除单片机外，本系统由 6 部分组成，如图 9-1 所示。

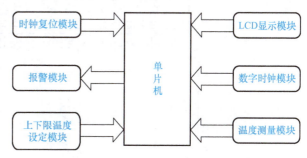

图 9-1 系统设计框图

9.2 硬件电路设计

该系统的硬件接线图如图 9-2 所示。系统由单片机、温度测量模块、LCD 显示模块、上下限温度设定模块、时钟复位模块、报警模块、数字时钟模块构成。

选用 STC89C52 单片机作为主控制器，如图 9-2 所示。STC89C52 具有低电压供电和体积小等特点，很适合便携手持式产品的设计。使用 STC89C52 单片机构成的系统可用两节电池供电。其主要特点为采用 FLASH 存储器技术，降低了制造成本，其软件、硬件与 MCS-51 系列的单片机在指令系统和引脚上完全兼容。它有很宽的工作电源电压，电压范围为 2.7~6V，当工作在 3V 时，电流相当于 6V 工作时的 1/4，工作于 12MHz 时，动态电流为 5.5mA，空闲状态为 1mA，掉电状态仅为 20nA，这样低的功耗很适用于电池供电的小型控制系统。

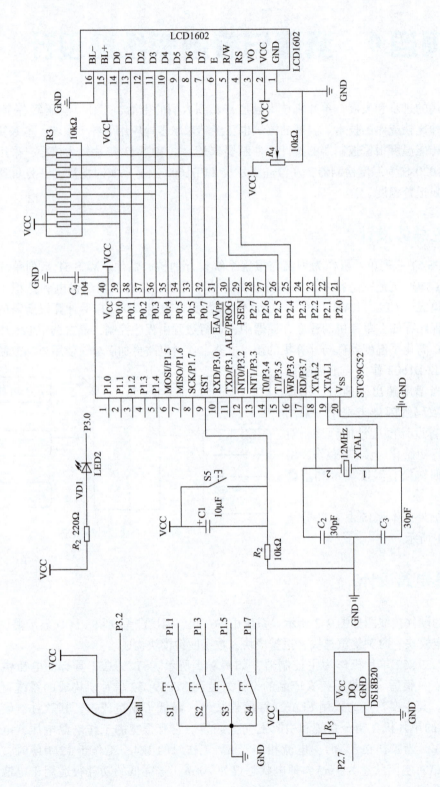

图 9-2 单片机测温与报警系统硬件接线图

项目 9　测温与报警系统的设计

温度测量模块采用 DS18B20 作为温度传感器，它可以直接读取被测温度值，进行数据转换。经数据转换后的温度信号值传至 STC89C52 单片机，再由单片机控制 LED 小灯、蜂鸣器和数码管来实现温度的测量、报警、显示的功能。DS18B20 的详细使用方法见 8.3 节。

LCD 显示模块采用 LCD1602 液晶屏。它是一种专门用来显示字母、数字、符号等的点阵型液晶模块。它由若干个 5×7 或者 5×11 等点阵字符位组成，每个点阵字符位都可以显示一个字符，每位之间有一个点距的间隔，每行之间也有间隔，起到了字符间距和行间距的作用，正因为如此，它不能很好地显示图形（用自定义 CGRAM，显示效果也不好）。关于液晶屏的控制方法，参见 2.5 节，这里不做展开。

上下限温度设定模块是通过按键来改变上下限温度，在未按下按键之前，P1 口全为高电平，为 0xff，当有按键按下时，电平发生改变，P1 口不会为全 1，CPU 检测到电平的跳变后就可判断出是哪个按键按下，例如第一个按键按下，则 P1 口为 0xfd，写命令使其为温度上限的增加按键，以此类推。同时按键可能会有抖动，所以在设置按键时要进行消抖。

报警模块工作在当使用判断语句将 DS18B20 读出的温度与设定的温度上下限进行比较时。如果超限则通过 LED 灯亮和蜂鸣器响进行报警。

9.3　系统软件设计

测温与报警系统程序流程图如图 9-3 所示。

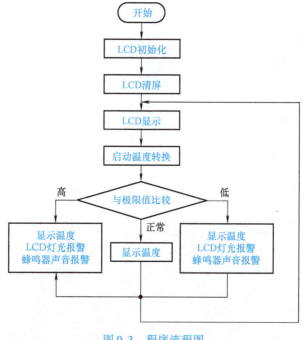

图 9-3　程序流程图

参考程序（部分）如下：

```c
#include <reg51.h>
#include <stdio.h>
#include <intrins.h>
#define uchar unsigned char
#define uint unsigned int
sbit RS = P2^4;              //接1602数据/命令寄存器选择端,为1时
                             //  表示选通数据寄存器,为0时表示选通命
                             //  令寄存器
sbit RW = P2^5;              //读写,0表示写,1表示读
sbit EN = P2^6;              //使能端
sbit DQ = P2^7;              // 数据单总线
sbit SPK = P3^2;             //定义报警蜂鸣器
sbit P3_7 = P3^7;
sbit P3_0 = P3^0;            //定义报警LED灯
#define DataPort P0
/*子程序略*/
/*主程序*/
void main (void)
{
    int temp;
    float temperature;
    char displaytemp[40];            //显示字符串数组
    int n = 30, m = 25;
    LCD_Init();                      //LCD初始化
    DelayMs(20);                     //延时
    LCD_Clear();                     //清屏
    while (1)
    {
        if (P1! = 0xff)              //按键消抖
        DelayMs(20);
        if (P1! = 0xff)
        {
            switch (P1&0xff)         //判断是哪个按键按下
            {
                case 0xfd: n+ =1; break;   //按键
                case 0xf7: n-=1; break;
                case 0xdf: m+ =1; break;
                case 0x7f: m-=1; break;
            } while (P1! = 0xff);    //防止重复按键
        }
        temp = ReadTemperature();
        temperature = (float)temp * 0.0625;   //温度转换0.0625分辨率
```

```c
        P3_7 = 1;                                    //报警系统
        P3_0 = 1;
        temp = ReadTemperature ();
        if (temperature > n)
        {
            P3_0 = 0;
            SPK = ! SPK;
            sprintf (displaytemp," Limit H:%d L:%d", n, m);     //准备显示字符串
            LCD_Write_String (0, 0, displaytemp);               //写入 LCD
            sprintf (displaytemp," warning ");                  //准备显示字符串
            LCD_Write_String (0, 1, displaytemp);
            DelayMs (100);
            sprintf (displaytemp,"         ");                  //准备显示字符串
            LCD_Write_String (0, 1, displaytemp);
            DelayMs (100);
            sprintf (displaytemp," Temp:%5.2f", temperature);   //准备显示字符串
            LCD_Write_String (9, 1, displaytemp);
        }
        else if (temperature < m)
        {
            P3_7 = 0;
            SPK = ! SPK;
            sprintf (displaytemp," Limit H:%d L:%d", n, m);     //准备显示字符串
            LCD_Write_String (0, 0, displaytemp);               //写入 LCD
            sprintf (displaytemp," warning ");                  //准备显示字符串
            LCD_Write_String (0, 1, displaytemp);
            DelayMs (100);
            sprintf (displaytemp,"         ");                  //准备显示字符串
            LCD_Write_String (0, 1, displaytemp);
            DelayMs (100);
            sprintf (displaytemp," Temp:%5.2f", temperature);   //准备显示字符串
            LCD_Write_String (9, 1, displaytemp);
        }
        else
        {
            sprintf (displaytemp," Limit H:%d L:%d", n, m);        //准备显示字符串
            LCD_Write_String (0, 0, displaytemp);                  //写入 LCD
            sprintf (displaytemp,"    Temp:%5.2f  ", temperature); //准备显示字符串
            LCD_Write_String (0, 1, displaytemp);
        }
    }
}
```

9.4 系统仿真与调试

9.4.1 系统仿真图

（1）温度超限时　温度超出上下限时，第二行"warning"闪烁，并且 LED 灯亮、蜂鸣器响进行报警，如图 9-4 所示。

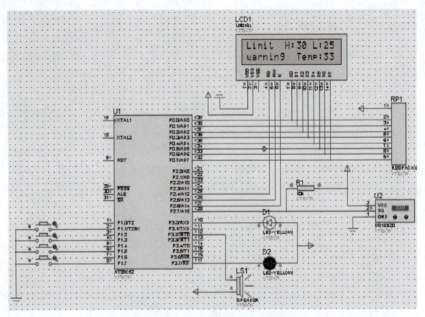

图 9-4　超出界限仿真示意图

（2）温度正常时　温度在正常范围内时，不报警，温度显示在画面正中，如图 9-5 所示。

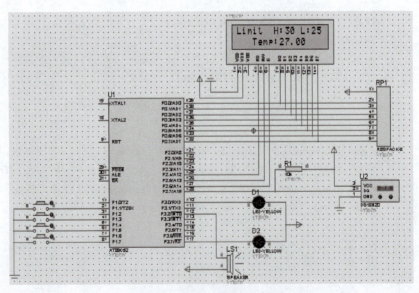

图 9-5　正常温度仿真示意图

9.4.2 调试中遇到的问题

（1）LCD 引脚连接不正确　　LCD 默认的 RS、R/W、E 引脚和单片机的连接需要和电路板里的连接口一样，即 RS 连接 P2.4，R/W 连接 P2.5，E 连接 P2.6，不可随意连接，否则电路板在烧录程序后不能显示温度。

（2）DS18B20 反接　　若 DS18B20 在仿真时接反，会导致该传感器总是显示 85℃。实际操作中，应根据硬件电路上的丝印图像方向连接元器件，若将正负反接，传感器立即发热，液晶屏不能显示读数，情况严重时甚至会烧毁电路板，酿成恶果。另外若与 51 单片机连接，那么 DS18B20 中间的引脚必须接上 4.7 ~ 10kΩ 的上拉电阻，否则高电平不能正常输入/输出，这样有可能会在通电后立即显示 85℃，也有可能在使用几个月后在 85℃ 与正常值上乱跳。

（3）杜邦线连接错误或接触不良　　硬件电路一旦连接错误或接触不良，可能导致显示屏上的温度一直显示为 -0.06℃，或者不显示。

（4）编写 LCD 显示程序错误使 LCD 闪烁　　一种情况是 LCD 显示的温度上下限会变成随机数，这是因为 if/else 语句位置不正确。另一种情况是 LCD 显示时会留下上一次显示的数据，这是因为第二次语句的空隙处没有用空格进行覆盖，因此上一次的数据依然在显示。第三种情况是 LCD 显示过快，这是因为延时函数延时不够准确。

项目 10　智能电风扇的设计

目前大部分电风扇只能手动调速,再加上一个定时器,功能单一。存在的安全隐患或不足:比如人们常常离开后忘记关闭电风扇,浪费了电能且容易引发火灾,长时间工作还容易损坏电器;再比如前半夜温度高、电风扇的风速较高,但到了后半夜气温下降,风速不会随着气温变化而下降,容易使人着凉。

如果能在电风扇控制中增加对环境进行检测的功能,即当房间里面没有人时能自动地关闭电风扇;当温度下降时能自动地减小风速甚至关闭电风扇,这样一来就避免了上述不足。本设计就是围绕这两点对现有电风扇进行改进。

10.1　系统总体设计

本设计是以 AT89S51 单片机为控制中心,通过提取热释电红外传感器感应到的人体红外线信息和温度传感器 DS18B20 采集到的温度信息以及内部定时器设定时间长短来控制电风扇的开关及转速的变化。通过单片机控制的智能电风扇系统能使电风扇工作在 4 种状态:手动调速状态、自动调速状态、定时状态、停止状态。

电风扇工作在手动调速状态时可以手动调节速度;工作在自动调速状态时可通过温度高低自动调节速度,也可进入手动调速状态;工作在定时状态时可以调节定时时间,并控制是否启动定时,在启动定时后可以手动退出定时状态,也可以在不操作时间超过 6s 后自动退出定时状态而进入手动调速状态;工作在停止状态时可以被随时唤醒并进入自动调速状态,当没有检测到人体存在超过 3min 时或定时完毕后进入停止状态。

在显示方面,当没有进入定时状态时,只显示当前气温,当定时状态启动时气温和定时剩余时间以 3s 的速度交替显示。

系统框图如图 10-1 所示,主要包括输入、控制、输出 3 大部分、8 个功能模块。

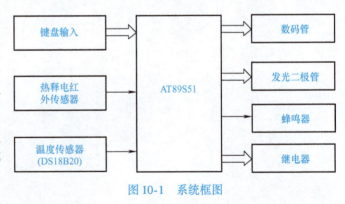

图 10-1　系统框图

10.2　硬件电路设计

10.2.1　硬件总图

智能电风扇系统的硬件接线图如图 10-2 所示,由 AT89S51 芯片、显示电路、键盘电路、温度采集电路、继电器输出电路、报警电路等部分组成。显示电路采用 74LS164 驱动 LED 数码管串行显示;键盘电路所涉及的按键数量较少,采用了独立式键盘;温度采集电路由热释电红外传感器及 DS18B20 两个传感器构成;继电器输出电路可实现小信号控制大电流的功能。

项目10　智能电风扇的设计

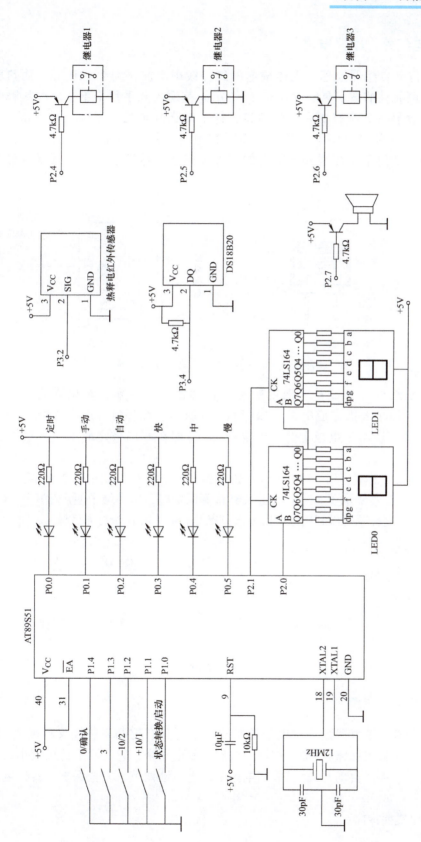

图10-2　智能电风扇系统硬件接线图

10.2.2 热释电红外传感器模块

(1) 热释电红外传感器原理 人体辐射的红外线中心波长为 9~10μm,而热释电红外传感器的探测元件的波长灵敏度在 0.2~20μm 范围内几乎稳定不变。在热释电红外传感器顶端开设了一个装有滤光片的窗口,这个滤光片可通过光的波长范围为 7~10μm,正好适合于人体红外辐射的探测,而对其他波长的红外线由滤光片予以吸收,这样便形成了一种专门用于探测人体辐射的红外传感器。热释电红外传感器外形与结构如图 10-3a 所示。

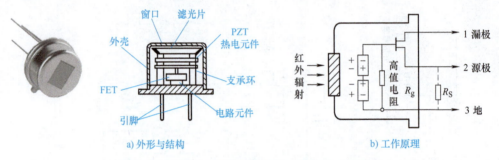

a) 外形与结构　　　　　　　　　　b) 工作原理

图 10-3　热释电红外传感器外形、结构及工作原理

实质上热释电红外传感器是对温度敏感的传感器。它由陶瓷氧化物或热电元件 PZT 组成,在元件两个表面做成电极,如图 10-3b 所示。在环境温度有 ΔT 的变化时,由于有热释电效应,在两个电极上会产生电荷 ΔQ,即在两电极之间产生一微弱的电压 ΔU。

(2) 热释电红外传感器应用 热释电红外传感器有 3 个端子,如图 10-4 所示:一个接电源、一个接地、一个信号端子。当有人进入其检测区域时,信号端子便产生一个电平跳变,并维持数秒钟,这样就可以利用这个跳变来判断是否有人在这个检测区域。

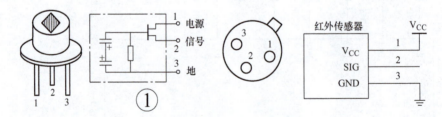

图 10-4　热释电红外传感器应用

10.2.3 继电器控制电路

(1) 继电器简介 继电器是一种电子控制器件,它具有控制系统(又称输入回路)和被控制系统(又称输出回路),通常应用于自动控制电路中,它实际上是用较小的电流去控制较大电流的一种"自动开关",故在电路中起着自动调节、安全保护、转换电路等作用。

它有如下几个重要指标:

1) 额定工作电压：正常工作时线圈所需要的电压。
2) 直流电阻：继电器中线圈的直流电阻。
3) 吸合电流：继电器能够产生吸合动作的最小电流。
4) 释放电流：继电器产生释放动作的最大电流。
5) 触点切换电压和电流：继电器允许加载的电压和电流。

（2）继电器驱动电路设计及工作原理

晶闸管也可以用于小电流控制大电流电路，但是其控制电路比较复杂，而采用继电器，其控制电路就比较简单，且具有电气隔离作用。虽然其响应速度没有晶闸管快，但在低频情况下采用继电器控制电路较为方便。继电器驱动电路如图10-5所示。

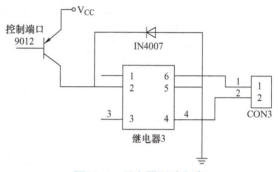

图10-5 继电器驱动电路

电路工作原理简介：当控制端口为低电平时，晶体管导通，继电器吸合，常闭触点断开，常开触点闭合。当控制端口为高电平时，晶体管关断，继电器线圈通过二极管放电并断开，常闭、常开触点复位。

10.3 系统软件设计

10.3.1 整体设计思路

软件设计整体思路：主程序部分进行初始化以及温度的读取；外部中断0进行红外感应延时时间的重新加载；定时器0进行键盘的扫描及相关操作；定时器1进行显示、温控速度以及延时（如倒计时等）的相关操作。在显示方面，要显示的值有变化才进行重新刷新，否则不刷新，这样就大大提高了效率及最终的显示效果（不会出现不该亮的部分还会点亮的现象）。

10.3.2 主要部分流程图

（1）主程序流程图 主程序流程图如图10-6所示。

（2）外部中断程序流程图 外部中断程序流程图如图10-7所示。

（3）定时器0中断程序流程图 定时器0中断程序流程图如图10-8所示。

（4）定时器1中断程序流程图 定时器1中断程序流程图如图10-9所示。

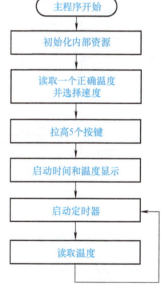

图10-6 主程序流程图

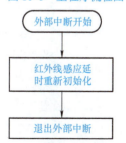

图10-7 外部中断程序流程图

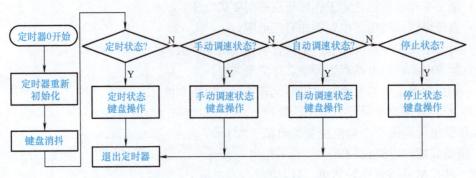

图 10-8 定时器 0 中断程序流程图

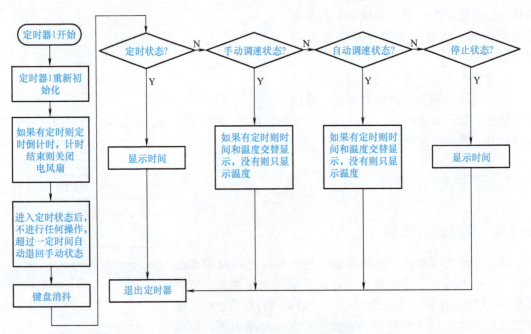

图 10-9 定时器 1 中断程序流程图

10.3.3 参考源程序代码

参考程序如下:

```
/****************************************************************
touwenjian.h
****************************************************************/
typedef unsigned char byte;
typedef unsigned int word;

//以下引脚配置

//ds18b20 部分
```

```c
sbit DQ = P3^4;
//显示部分
sbit DB = P2^0;
sbit CP = P2^1;
//发光显示部分
sbit LED_ dingshi = P0^0;
sbit LED_ shoudong = P0^1;
sbit LED_ zidong = P0^2;
sbit LED_ kuai = P0^3;
sbit LED_ zhong = P0^4;
sbit LED_ man = P0^5;
//键盘定义部分
#define wujian 0x3f
sbit KEY1 = P1^0 ;            //状态转换/启动
sbit KEY2 = P1^1 ;            // +10 / 1
sbit KEY3 = P1^2 ;            // -10/ 2
sbit KEY4 = P1^3 ;            // 3
sbit KEY5 = P1^4 ;            // 0 确定
//继电器控制部分
sbit JDQ1 = P2^4;             //0 表示开通，1 表示关断
sbit JDQ2 = P2^5;
sbit JDQ3 = P2^6;
//蜂鸣器部分
sbit call = P2^7;             //低电平鸣叫

/*************************************************************
    ds18b20. c
*************************************************************/
#include <REGX51. H>
#include " touwenjian. h"
/*************************************************************
/子程序略/
/*************************************************************
主程序
*************************************************************/

void main ()
{
//定时器 0 用于键盘扫描
TMOD = 0x01 | TMOD;           //定时器 0 的工作方式为方式 1
TH0 = 0xd8; TL0 = 0xf0;       //定时器 0 初始化，10ms 扫描一次
//定时器 1 用于显示
    TMOD = 0x10 | TMOD;       //定时器 1 的工作方式为方式 1
    TH1 = 0x15; TL1 = 0xA0;   //定时器 1 初始化，60ms 中断一次
```

```c
//外部中断
    TCON = TCON | 0x01;              //外部中断 0 下降沿触发
//以下为开启部分
    IP = 0X01;                       //两个定时器同等优先级
    IE = 0x8b;                       //开启定时器 0、1，外部中断 0 中断
    //
    while (Real_ Tem () = = 85);
    auto_ speed ();
    LED_ zidong = 0;                 //刚开始为自动方式
    P1 = P1 | 0X7C;                  //拉高 5 个键盘
    wendu_ stor = 100;               //两个不可能值//用于启动显示
    time_ stor = 100;                //两个不可能值//用于启动显示
    //
    TR0 = 1;                         //开启定时器 0
    TR1 = 1;
    while (1)
    {
        wendu = Real_ Tem ();
    }
}
```

项目 11　万年历的设计

本项目利用单片机强大的控制功能制作电子万年历，该电子万年历包括 3 大功能：实时显示年、月、日、时、分、秒；实时监测环境温度（可根据需要启动高温报警功能）；电子闹钟。

利用单片机、时钟芯片 DS1302、温度传感器 DS18B20、液晶显示器 LCD1602 等实现日期、时间、温度的显示，即一个简单的万年历。通过 DS1302 能够准确地计时，时间可调并在液晶上显示出来。通过 DS18B20 能够实时、准确地检测当前环境温度。利用单片机自身功能实现闹钟功能。

11.1　系统总体设计

本系统以 AT89S52 单片机为控制核心，通过与 DS1302 和 DS18B20 通信获取实时时间和实时环境温度，并将得到的数据通过 LCD1602 显示出来，同时通过按键调整各设定值。因此本系统可分为如下模块：单片机、液晶显示模块、实时时钟模块、实时温度采集模块、报警模块、键盘设置模块（时间设置模块、最高温度设置模块、闹钟设置模块）、时钟复位模块，如图 11-1 所示。

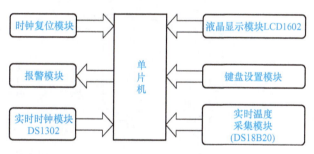

图 11-1　系统总体设计框图

11.2　硬件电路设计

本系统硬件接线图如图 11-2 所示，主要由单片机、键盘设置模块、液晶显示模块、实时时钟模块、实时温度采集模块、报警模块等部分组成。其中，单片机采用 AT89S52 单片机，液晶显示模块采用 LCD1602 液晶显示器，键盘设置电路采用独立式键盘，实时温度采集采用 DS18B20 数字温度传感器实现，报警模块采用蜂鸣器及 LED 发光二极管实现，实时时钟模块采用 DS1302 数字时钟芯片实现。

DS1302 是美国 DALLAS 公司推出的一种高性能、低功耗、内含 31B 静态 RAM 的实时时钟芯片（RTC），可采用 SPI 接口与 CPU 进行同步通信，一次可传送多个字节的时钟信号和 RAM 数据。实时时钟可提供秒、分、时、日、星期、月和年的信息，每月天数可以自动调整，具有闰年补偿功能。工作电压宽达 2.5 ~ 5.5V。采用双电源供电（主电源和备用电源），可设置备用电源充电方式。DS1302 能实现数据与出现该数据的时间同时记录，因而广泛应用于电话、传真、便携式仪表及电池供电的测量仪表中。

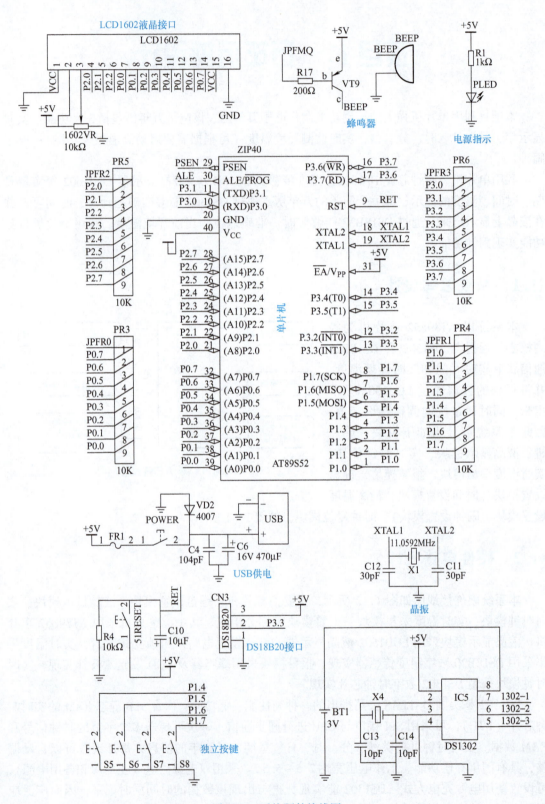

图 11-2 系统硬件接线图

DS1302 通过 3 根口线实现与单片机的通信,因 DS1302 功耗很小,即使电源掉电后通过 3V 的纽扣电池仍能维持 DS1302 精确走时。

(1) DS1302 的引脚　DS1302 引脚图如图 11-3 所示。各引脚功能如下:

X1、X2:晶体振荡器引脚,外接 32.768kHz 晶振。

V_{CC1}:备用电源。

V_{CC2}:主电源。当 $V_{CC2} > V_{CC1} + 0.2V$ 时,由 V_{CC2} 向 DS1302 供电;当 $V_{CC2} < V_{CC1}$ 时,由 V_{CC1} 向 DS1302 供电。

GND:电源地。

SCLK:串行时钟输入端。

I/O:串行数据输入/输出端。

$\overline{RST}$:复位端。

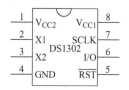

图 11-3　DS1302 引脚图

(2) DS1302 的工作原理　DS1302 内部结构如图 11-4 所示,芯片主要由输入移位寄存器、控制寄存器、振荡器、实时时钟以及数据存储器 RAM 组成。

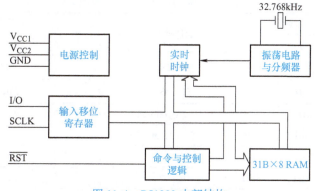

图 11-4　DS1302 内部结构

在进行任何数据传送时必须先初始化,将$\overline{RST}$引脚置为高电平,然后将 8 位地址和命令字装入输入移位寄存器,数据在 SCLK 上升沿时被输入。无论是读周期还是写周期,前 8 位均指定为访问地址。将命令字装入输入移位寄存器后,接下来的时钟周期在读操作时 DS1302 输出数据,在写操作时 DS1302 输入数据。时钟脉冲的个数在单字节方式下为 8 + 8(8 位地址 + 8 位数据),多字节方式下为 8 + 字节数,最大可达 248B。

(3) DS1302 的控制字　对 DS1302 的操作就是对其内部寄存器的操作,DS1302 内部共有 12 个寄存器,其中有 7 个寄存器与日历、时钟相关,存放的数据位为 BCD 码形式。此外,DS1302 还有控制寄存器、充电寄存器、时钟突发寄存器及与 RAM 相关的寄存器等。时钟突发寄存器可一次性顺序读写除充电寄存器以外的寄存器。常用寄存器与控制字对照表见表 11-1。

控制字中的最高位 D7 必须为 1,若为 0,则不能将数据写入 DS1302。次高位 D6 为 1 时,表示存取 RAM 中的数据,为 0 时表示存取日历时钟数据。D5 ~ D1 用于指示操作单元的地址。最低位 D0 为 0 表示进行写操作,为 1 表示进行读操作。

各常用寄存器的命令字、取值范围及各位内容见表 11-2。

表 11-1　常用寄存器与控制字对照表

寄存器名称	D7	D6	D5	D4	D3	D2	D1	D0
	1	RAM/$\overline{CK}$（R/$\overline{C}$）	A4	A3	A2	A1	A0	RD/$\overline{W}$（R/$\overline{W}$）
秒寄存器	1	0	0	0	0	0	0	0
分寄存器	1	0	0	0	0	0	0	1
小时寄存器	1	0	0	0	0	1	0	0
日寄存器	1	0	0	0	0	1	0	1
月寄存器	1	0	0	0	1	0	0	0
星期寄存器	1	0	0	0	1	0	1	0
年寄存器	1	0	0	0	1	1	0	0
控制寄存器	1	0	0	0	1	1	1	0

表 11-2　各常用寄存器的命令字、取值范围及各位内容

寄存器名称	命令字		取值范围	各位内容				
	写	读		7	6	5	4	3~0
秒寄存器	80H	81H	00~59	CH	10SEC			SEC
分寄存器	82H	83H	00~59	0	10MIN			MIN
小时寄存器	84H	85H	01~12 或 00~23	12/24	0	A/P	HR	HR
日期寄存器	86H	87H	01~28, 29, 30, 31	0	0	10DATE		DATE
月份寄存器	88H	89H	01~12	0	0	0	10MONTH	MONTH
周寄存器	8AH	8BH	01~07	0	0	0	0	WEEK
年份寄存器	8CH	8DH	00~99	10YEAR				YEAR
控制寄存器	8EH	8FH		WP	0	0	0	0

其中，CH 位为时钟暂停位，当此位置 1 时，振荡器停止工作，DS1302 处于低功率备份方式；当此位为 0 时，时钟开始启动。12/24 位为 12h 或 24h 方式选择位，置 1 时选择 12h 方式，在 12h 方式下，小时寄存器第 5 位 A/P 可选择 AM/PM（上午/下午），若为 1，则表示 PM（下午）；在 24h 方式下，小时寄存器第 5 位与第 4 位共同用于表示小时的十位，即第 5 位若为 1，则表示 20~23h。WP 为写保护位，在对时钟或 RAM 进行写操作之前，WP 位必须为 0，当 WP 位为 1 时，防止对任何其他寄存器进行写操作。

（4）DS1302 的读写时序

1）单字节写时序。单字节写操作就是将单片机的数据写入 DS1302，其工作时序如图 11-5 所示。当$\overline{RST}$为高电平时，SCLK 的前 8 个时钟周期输入写命令字，将所需输出数据的寄存器地址输入至 DS1302，在 SCLK 的后 8 个时钟周期的上升沿将数据字节输入。如果有额外的 SCLK 时钟周期，则被忽略。数据将从最低位 D0 开始输入。

2）单字节读时序。单字节读操作就是从 DS1302 中把数据读出送至单片机，其工作时序如图 11-6 所示。当$\overline{RST}$为高电平时，SCLK 的前 8 个时钟周期输入写命令字，将所需输出

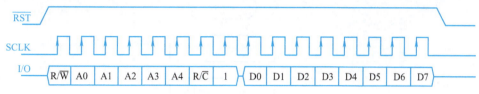

图 11-5　单字节写时序

数据的寄存器地址输入至 DS1302，在 SCLK 的后 8 个时钟周期的下降沿将数据字节输出。注意，被传送的第一个数据位发生在写命令字节的最后一位之后的第一个下降沿。如果有额外的 SCLK 时钟周期，则将重新发送数据字节。数据将从最低位 D0 开始输出。

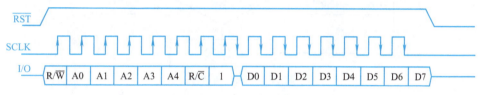

图 11-6　单字节读时序

3）多字节读写时序。当控制字中的 A0～A4 被置为全 1 时，可以把日历、时钟寄存器或 RAM 寄存器规定为多字节（burst）方式，又称时钟突发。在此模式下，可将 8 个日历、时钟寄存器连续读或写，也可将 31 个 RAM 寄存器连续读或写。工作时序如图 11-7 所示。

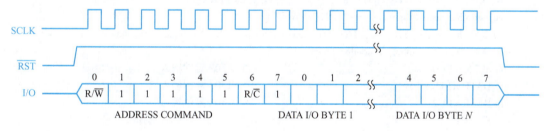

图 11-7　多字节读写时序图

4）DS1302 与单片机接口电路。DS1302 与单片机接口电路如图 11-8 所示。

11.3　系统软件设计

软件设计是本设计的关键，软件程序编写的好坏直接影响着系统的运行情况。因本程序涉及的模块较多，所以程序编写也采用模块化设计，C 语言具有编写灵活、移植方便、便于模块化设计的特点，所以本系统的软件采用 C51 编写。

程序流程图如图 11-9 所示。

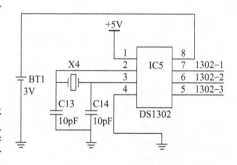

图 11-8　DS1302 与单片机接口电路

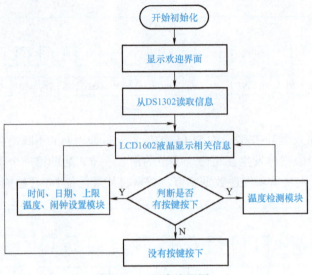

图 11-9 程序流程图

参考程序（部分）如下：

```
include <reg52.h>
#include <intrins.h>
unsigned char code    displaywelcome [ ] = {" Welcome To My Lcd Timer"};   //欢迎界面
unsigned char code    displaywish [ ] = {" Happy Every Day ^_^"};          //欢迎界面
unsigned char code    overtemperature [ ] = {" OVERTEMPERATURE!"};
unsigned char code    digit [ ] = {" 0123456789"};                          //数字代码
unsigned char mode, TH, TL, TN, TD, length, tempswitch, Maxtemp = 40, amode, alarmmode,
minutes, hours, minutea, seconds, houra = 12;
sbit SCLK = P1^0;                        //DS1302 时钟输入
sbit DATE = P1^1;                        //DS1302 数据输入
sbit REST = P1^2;                        //DS1302 复位端口
sbit SET = P1^4;                         //DS1302 设置模式选择位
sbit ADD = P1^5;                         //增加
sbit RED = P1^6;                         //减小
sbit CANL = P1^7;
/子程序略/
/***************主函数********************/
void main ( )
{
    IE = 0X82;                           //打开定时中断
    TMOD = 0X01;                         //选择定时器 0 工作在方式 1
    TR0 = 0;                             //启动定时器 0
    IntDS1302 ( );                       //初始化 DS1302
    delay1ms (1);
    Lcd_Int ( );                         //LCD1602 液晶初始化
    delay1ms (2);
    displaystar ( );                     //显示欢迎界面
    displaymainpart ( );                 //显示主要部分（不变化）
```

```
while (1)
{
    display_Time ( );
    Set ( );
    if (ADD = =0)
    {
        Write_com (0x01);
        delay1ms (5);
        Temperature ( );
        Write_com (0x01);
        displaymainpart ( );
    }
    if ( (hours = =houra) && (minutes = =minutea) && (seconds = =0))
    {
        if (alarmmode = =1)
        {
            Write_com (0x01);
            delay1ms (5);
            Write_Address (0x03);
            Write_Date ('T');
            Write_Date ('I');
            Write_Date ('M');
            Write_Date ('E');
            Write_Address (0x08);
            Write_Date ('U');
            Write_Date ('P');
            Write_Date ('!');
            delay1ms (5);
            while (1)
            {
                baojing (1);
                if (CANL = =0)
                {
                    Write_com (0x01);
                    delay1ms (5);
                    displaymainpart ( );
                    break;
                }
            }
        }
    }
}
```

11.4 系统仿真与调试

11.4.1 系统硬件电路图

系统硬件由 AT89S52 单片机、时钟芯片 DS1302、液晶显示器 LCD1602 组成。包括以下模块：液晶显示模块、实时时钟模块、实时温度采集模块、报警模块、键盘设置模块（时间设置模块、最高温度设置模块、闹钟设置模块）、时钟复位模块。

11.4.2 系统 Proteus 仿真原理图

如图 11-10 所示为万年历系统仿真原理图。

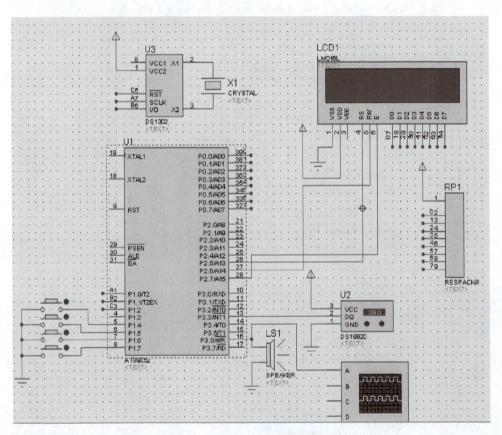

图 11-10 万年历系统仿真原理图

11.4.3 系统硬件仿真运行情况

系统模拟仿真运行图如下：
1）仿真欢迎界面如图 11-11 所示。
2）仿真实时时间显示如图 11-12 所示。
3）仿真当前温度显示如图 11-13 所示。

项目11 万年历的设计

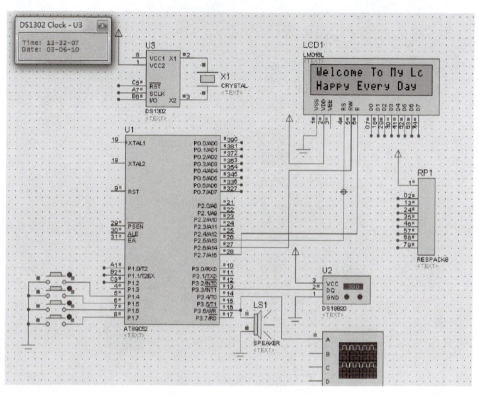

图 11-11　仿真欢迎界面

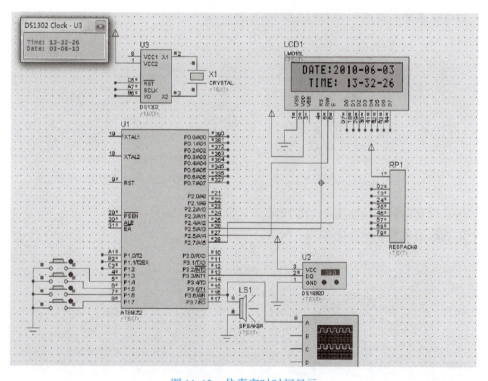

图 11-12　仿真实时时间显示

219

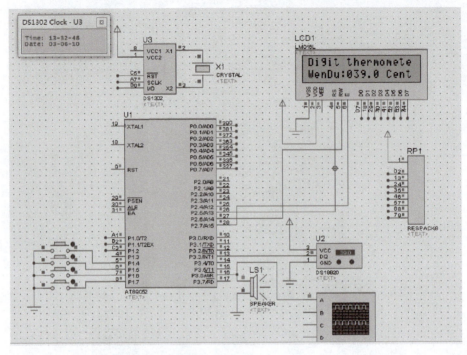

图 11-13　仿真当前温度显示

4）仿真设置时间显示如图 11-14 所示。

5）仿真设置温度显示如图 11-15 所示。

图 11-14　仿真设置时间显示

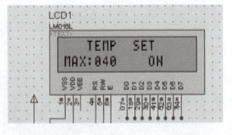
图 11-15　仿真设置温度显示

6）仿真设置闹钟显示如图 11-16 所示。

7）仿真超温报警显示如图 11-17 所示。

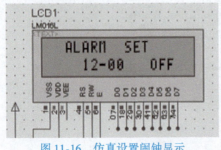
图 11-16　仿真设置闹钟显示

图 11-17　仿真超温报警显示

8）仿真闹钟报警显示如图11-18所示。

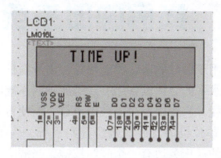

图11-18　仿真闹钟报警显示

项目 12 病房呼叫系统的设计

病床呼叫系统是一种应用于医院病房、养老院等，用于医护人员和病人间的沟通的专用呼叫系统，是提高医院服务水平的必备设备之一。病床呼叫系统的优劣直接影响到病人的安危，受到各大医院的普遍重视。它要求及时、准确可靠、简便可行、利于推广。

本设计是基于 AT89S52 单片机的有线式病房呼叫系统。为了便于学习，以 4 个病房呼叫系统为例介绍。每个病房的病床旁边有一个呼叫按键，当病人有需要时，按下按键，此时监护室就会收到响应信号，同时在数码管显示相应的床位号，并且有警示灯亮起。

12.1 系统总体设计

本呼叫系统由控制核心 AT89S52 单片机、电源电路、晶振电路、复位电路、数显电路、警示电路和数据程序等部分组成，振荡电路的晶振采用 12MHz，系统总体设计框图如图 12-1 所示。

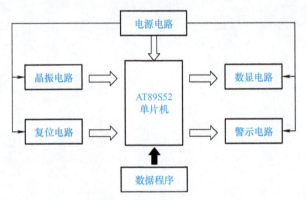

图 12-1 系统总体设计框图

12.2 硬件电路设计

系统硬件接线图如图 12-2 所示。

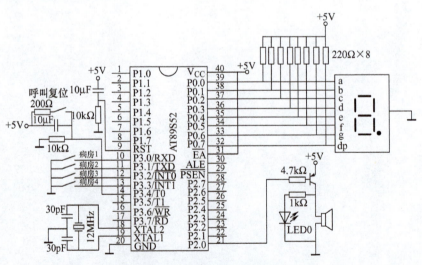

图 12-2 系统硬件接线图

12.3 系统软件设计

程序流程图如图 12-3 所示。

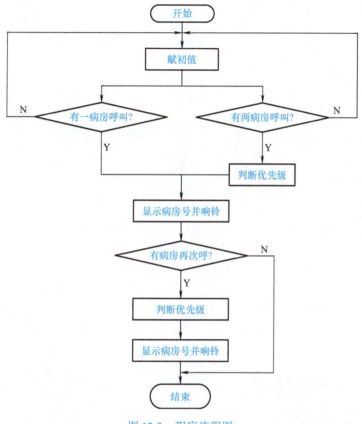

图 12-3　程序流程图

当启动系统后，数码管显示 0。当有一个病房呼叫时，数码管显示相应病房号，同时指示灯亮起；当有两个病房同时呼叫时，数码管显示优先级高的，同时指示灯亮起；当有一个病房呼叫后另一个病房呼叫时，则先判断呼叫病房的优先级，若后呼叫的病房优先级低，则数码管显示不变，若后呼叫的病房优先级高，则数码管显示后呼叫的，两种情况下，指示灯一样都会亮。

参考程序如下：

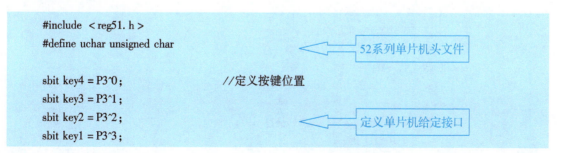

```
sbit reset = P3^4;              //复位
sbit ring = P2^0;               //定义指示灯端口
uchar flag1, i;

void choice ();
void clean ();
void delay ();                                  ⇐ 定义功能子程序
void de ();
void ring ();

void main ()
{
    while (1)                                   ⇐ 循环主程序
    {
        P3 = 0xff;
        reset = 0;
        ring = 0;
        flag1 = 0;
        choice ();
        delay ();
        clean ();
    }
}

void choice ()                  //确定病房
{   while (reset! =1&&flag = =0)                ⇐ 选择子程序,确定
                                                   病房号
    {
        if (key1 = =0)
        {
            de (20);
            if (key1 = =0)
                {P0 = 0X86; flag = 1;}
        }
        else if (key2 = =0)
        {
            de (20);
            if (key2 = =0&&key1! =0)
                {P0 = 0Xdb; flag = 1;}
        }
        else if (key3 = =0)
        {
            de (20);
            if (key3 = =0&&key1! =0&&key2! =0)
                {P0 = 0Xcf; flag = 1;}
```

```
                }
            else if (key4= =0)
                {
                    de (20);
                    if (key4= =0&&key1! =0&&key2! =0&&key3! =0)
                        {P0=0Xe6; flag=1;}
                }
        }
}

void clean ()                              ◁ 复位程序,当reset为
{                                            高电平时复位
    if (reset= =1)
    {
        ring=0;
        P0=0x3f;
    }
}

void delay ()                              ◁ 保持程序,当reset为低
{                                            电平时指示灯一直亮
    while (! reset)
    {
        ring ();
    }
}

void ring ()                               ◁ 指示子程序,在相应
{                                            条件下灯亮
    for (i=0; reset= =0; i++)
    {
        de ();
        ring=! ring;
        if (key1= =0| | key2= =0| | key3= =0)
        {
            if (P0= =0X86)
                P0=0X86;
            else if (P0= =0Xdb&&key1= =0)
                P0=0X86;
            else if (P0= =0Xcf&&key1= =0)
                P0=0X86;
            else if (P0= =0Xcf&&key1= =1&&key2= =0)
                P0=0Xdb;
            else if (P0= =0Xe6&&key1= =0)
```

```
            P0 = 0X86;
        else if (P0 = = 0Xe6&&key1 = = 1&&key2 = = 0)
            P0 = 0Xdb;
        else if (P0 = = 0Xe6&&key1 = = 1&&key2 = = 1&&key3 = = 0)
            P0 = 0Xcf;
        }
      }
    }
    void de (unit xms)     ← 延时子程序，可以在
    {                         程序中任意调用延时
        uint i, j;
        for (i = xms; i > 0; i − −)
            for (j = 110; j > 0; j − −);
    }
```

12.4 系统仿真与调试

1. 呼叫系统未通电

系统未通电时仿真电路如图 12-4 所示。

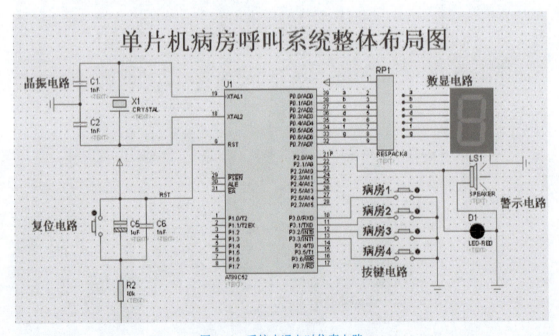

图 12-4　系统未通电时仿真电路

2. 呼叫系统通电

病房呼叫系统通电后，会在数码管上显示"0"，表示系统已准备好，如图 12-5 所示。

项目12　病房呼叫系统的设计

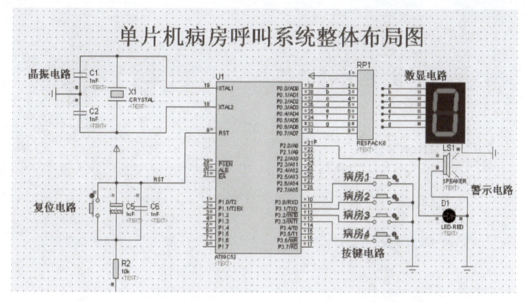

图 12-5　系统通电时仿真电路

3. 低优先级的先呼叫，高优先级的后呼叫

当病房 4 按键按下时，系统会响应病房 4 的呼叫，显示器显示数字"4"，如图 12-6 所示。当病房 3 按键按下时，由于病房 3 优先级比病房 4 优先级高，则系统会响应病房 3 的呼叫，显示器显示数字"3"，如图 12-7 所示。

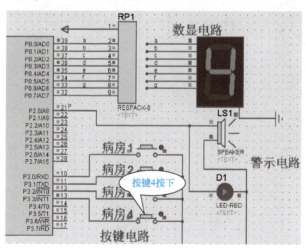

图 12-6　按键 4 按下时仿真电路

4. 高优先级的先呼叫，低优先级的后呼叫

当病房 1 按键按下时，系统会响应病房 1 的呼叫，显示器显示数字"1"，如图 12-8 所示。当病房 2 按键按下时，由于病房 2 优先级比病房 1 优先级低，则系统不会响应病房 2 的呼叫，显示器保持原来的显示状态不变，如图 12-9 所示。

5. 高低优先级同时呼叫

当病房 1 和病房 4 按键同时按下时，系统会响应来自高优先级病房 1 的呼叫，则显示器显示数字"1"，如图 12-10 所示。

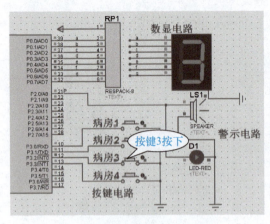

图 12-7　按键 3 按下时仿真电路

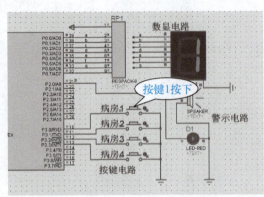

图 12-8　按键 1 按下时仿真电路

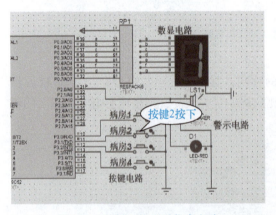

图 12-9　按键 2 按下时仿真电路

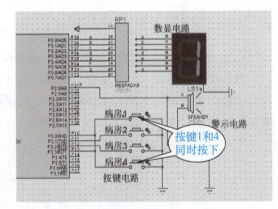

图 12-10　按键 1、4 同时按下时仿真电路

附　　录

附录 A　ASCII 码表

低位		高位							
		0	1	2	3	4	5	6	7
		0000	0001	0010	0011	0100	0101	0110	0111
0	0000	NUL	DLE	SP	0	@	P	`	p
1	0001	SOH	DC1	!	1	A	Q	a	q
2	0010	STX	DC2	"	2	B	R	b	r
3	0011	ETX	DC3	#	3	C	S	c	s
4	0100	EOT	DC4	$	4	D	T	d	t
5	0101	ENQ	NAK	%	5	E	U	e	u
6	0110	ACK	SYN	&	6	F	V	f	v
7	0111	BEL	ETB	'	7	G	W	g	w
8	1000	BS	CAN	(	8	H	X	h	x
9	1001	HT	EM	)	9	I	Y	i	y
A	1010	LF	SUB	*	:	J	Z	j	z
B	1011	VT	ESC	+	;	K	[	k	{
C	1100	FF	FS	,	<	L	\	l	|
D	1101	CR	GS	-	=	M	]	m	}
E	1110	SO	RS	.	>	N	↑	n	~
F	1111	SI	US	/	?	O	↓	o	DEL

表中符号说明：

NUL—空　　　　　　　FF—换页　　　　　　　CAN—作废
SOH—标题开始　　　　CR—回车　　　　　　　EM—纸尽
STX—正文结束　　　　SO—移出符　　　　　　SUB—取代
ETX—本文结束　　　　SI—移入符　　　　　　ESC—换码
EOT—传输结束　　　　DLE—转义符　　　　　 FS—文字分割符
ENQ—询问　　　　　　DC1—设备控制 1　　　 GS—组分割符
ACK—应答　　　　　　DC2—设备控制 2　　　 RS—记录分割符
BEL—报警符　　　　　DC3—设备控制 3　　　 US—单元分割符
BS—退一格　　　　　 DC4—设备控制 4　　　 SP—空格
HT—横向列表　　　　 NAK—否定　　　　　　 DEL—删除
LF—换行　　　　　　 SYN—同步
VT—纵向列表　　　　 ETB—信息组传送结束

附录 B C51 关键字

ANSIC 标准的关键字见表 B-1，C51 编译器的扩展关键字见表 B-2。

表 B-1 ANSIC 标准的关键字

序 号	关键字	用 途	说 明
1	auto	存储种类声明	用以声明局部变量，默认值为此
2	break	程序语句	退出最内层循环体
3	case	程序语句	switch 语句中的选择项
4	char	数据类型声明	单字节整型数或字符型数据
5	const	存储类型声明	在程序执行过程中不可修改的变量值
6	continue	程序语句	转向下一次循环
7	default	程序语句	switch 语句中的失败选择项
8	do	程序语句	构成 do while 循环结构
9	double	数据类型声明	双精度浮点数
10	else	程序语句	构成 if…else 选择结构
11	enum	数据类型声明	枚举
12	extern	存储种类声明	在其他程序模块中声明了的全局变量
13	float	数据类型声明	单精度浮点数
14	for	程序语句	构成 for 循环结构
15	goto	程序语句	构成 goto 转移结构
16	if	程序语句	构成 if…else 选择结构
17	int	数据类型声明	基本整型数
18	long	数据类型声明	长整型数
19	register	存储种类声明	使用 CPU 内部寄存器的变量
20	return	程序语句	函数返回
21	short	数据类型声明	短整型数
22	signed	数据类型声明	有符号数，二进制数据的最高位为符号位
23	sizeof	运算符	计算表达式或数据类型的字节数
24	static	存储种类声明	静态变量
25	struct	数据类型声明	结构类型数据
26	switch	程序语句	构成 switch 选择结构
27	typedef	数据类型声明	重新进行数据类型定义

(续)

序号	关键字	用途	说明
28	union	数据类型声明	联合类型数据
29	unsigned	数据类型声明	无符号数据
30	void	数据类型声明	无类型数据
31	volatile	数据类型声明	说明该变量在程序执行中可被隐含地改变
32	while	程序语句	构成 while 和 do while 循环结构

表 B-2　C51 编译器的扩展关键字

序号	关键字	用途	说明
1	_at_	地址定位	为变量进行存储器绝对空间地址定位
2	alien	函数特性声明	用以声明与 PL/M51 兼容的函数
3	bdata	存储器类型声明	可位寻址的 8051 单片机片内数据存储器
4	bit	位标量声明	声明一个位标量或位类型的函数
5	code	存储器类型声明	8051 单片机程序存储器空间
6	compact	存储器模式	指定使用 8051 单片机外部分页寻址数据存储器空间
7	data	存储器类型声明	直接寻址的 8051 单片机片内数据存储器
8	idata	存储器类型声明	间接寻址的 8051 单片机片内数据存储器
9	interrupt	中断函数声明	定义一个中断服务函数
10	large	存储器模式	指定使用 8051 单片机片外数据存储器空间
11	pdata	存储器类型声明	"分页"寻址的 8051 单片机片内数据存储器
12	_priority_	多任务优先声明	规定 RTX51 或 RTX51Tiny 的任务优先级
13	reentrant	再入函数声明	定义一个再入函数
14	sbit	位变量声明	声明一个可位寻址变量
15	sfr	特殊功能寄存器声明	声明一个 8 位的特殊功能寄存器
16	sfr16	特殊功能寄存器声明	声明一个 16 位的特殊功能寄存器
17	small	存储器模式	指定使用 8051 单片机片内数据存储器空间
18	_task_	任务声明	定义实时多任务函数
19	using	寄存器组定义	定义 8051 单片机的工作寄存器组
20	xdata	存储器类型声明	8051 单片机片外数据存储器

附录 C 常用芯片引脚

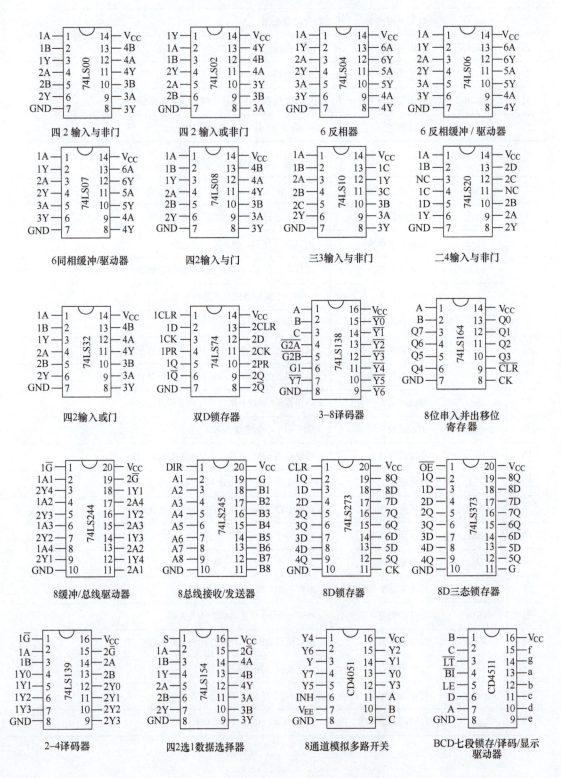

附 录

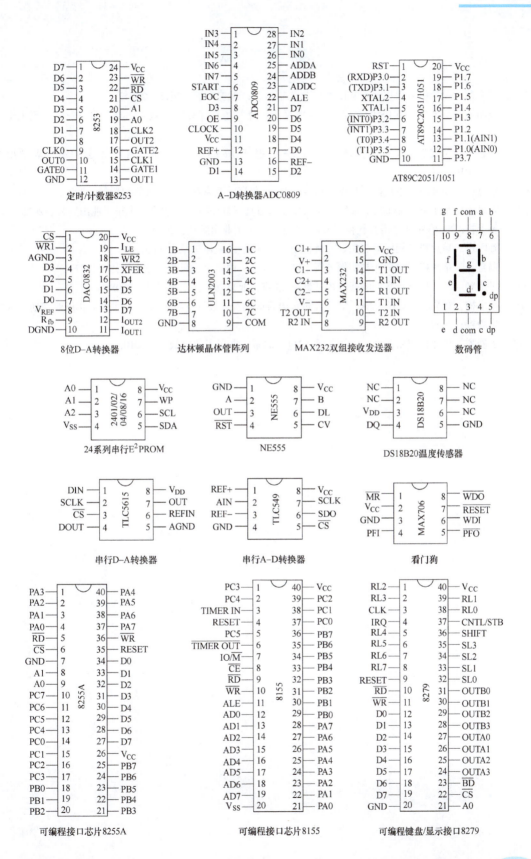

参 考 文 献

［1］ 倪志莲. 单片机应用技术［M］. 3 版. 北京：北京理工大学出版社，2014.
［2］ 周润景. 基于 PROTEUS 的电路及单片机系统设计与仿真［M］. 3 版. 北京：北京航空航天大学出版社，2016.
［3］ 张志良. 80C51 单片机仿真设计实例教程：基于 Keil C 和 Proteus［M］. 北京：清华大学出版社，2016.
［4］ 楼然苗，李光飞. 单片机课程设计指导［M］. 北京：北京航空航天大学出版社，2007.
［5］ 陈忠平. 基于 Proteus 的 51 系列单片机设计与仿真［M］. 3 版. 北京：电子工业出版社，2015.
［6］ 郭天祥. 51 单片机 C 语言教程［M］. 北京：电子工业出版社，2009.
［7］ 睢丙东. 单片机应用技术与实训［M］. 北京：电子工业出版社，2005.
［8］ 冯育长. 单片机系统设计与实例分析［M］. 西安：西安电子科技大学出版社，2007.
［9］ 王庆利. 单片机设计案例实践教程［M］. 北京：北京邮电大学出版社，2008.
［10］ 马忠梅，籍顺心，张凯，等. 单片机的 C 语言应用程序设计［M］. 4 版. 北京：北京航空航天大学出版社，2007.
［11］ 王静霞. 单片机应用技术：C 语言版［M］. 北京：电子工业出版社，2010.